U0393686

全国高等农林院校"十三五"规划教材

C 语言程序设计 实验指导

罗小玲　主编

中国农业出版社

内容简介

　　"C语言程序设计"是一门实践性很强的课程，学生不仅需要掌握程序设计的理论知识，还必须经过大量的实践训练，以培养其程序设计的思维能力和通过程序设计解决相关专业领域问题的能力。本书是《C语言程序设计》（李宏慧主编）配套的学习和实验指导，以"提高学生的实践能力，培养学生的编程能力"为宗旨，结合一线教师的多年教学实践经验编写而成。

　　为了更好地帮助学生系统地学习、理解和掌握程序设计的基本知识，进一步突出本书所提倡的"学语言，练程序设计"的理念，增强操作应用技能，提高程序设计能力，本书根据主教材中的相关内容，设置了"实验"和"习题"两个部分的内容，通过大量的实例，循序渐进地引导学生做好各章的实验。

编写人员名单

主　编　罗小玲

副主编　李宏慧　左东石

参　编　朝鲁蒙　刘江平　乌日更

前　言

　　"C 语言程序设计"是一门实践性很强的课程，学生不仅需要掌握程序设计的理论知识，还必须经过大量的实践训练，以培养其程序设计的思维能力和通过程序设计解决相关专业领域问题的能力。本书是《C 语言程序设计》（李宏慧主编）配套的学习和实验指导，以"提高学生的实践能力，培养学生的编程能力"为宗旨，结合一线教师的多年教学实践经验编写而成。

　　为了更好地帮助学生系统地学习、理解和掌握程序设计的基本知识，进一步突出本书所提倡的"学语言，练程序设计"的理念，增强操作应用技能，提高程序设计能力，本书根据主教材中的相关内容，设置了"实验"和"习题"两个部分的内容。

　　本书由罗小玲担任主编，李宏慧、左东石担任副主编。其中，左东石编写第一、二、三章，朝鲁蒙编写第四、五章，刘江平编写第六章，乌日更编写第七、八章，罗小玲编写第九、十章，李宏慧编写第十一章。在组织和编写本书过程中，编者得到同行以及中国农业出版社相关同志的热情鼓励和大力支持，在此谨向他们以及关心和支持本书编写工作的各方面人士表示衷心的感谢！

　　由于编者水平有限，书中难免有错误和不妥之处，恳请专家和广大读者批评指正。

编　者

2016 年 10 月

目 录

前言

第一章　C语言概述 ··· 1

1.1 实验目的 ·· 1

1.2 实验内容 ·· 1

1.3 习题 ·· 5

1.4 习题答案 ·· 6

第二章　算法概述 ··· 8

2.1 实验目的 ·· 8

2.2 实验内容 ·· 8

2.3 习题 ··· 10

2.4 习题答案 ··· 11

第三章　C语言中的符号与运算 ··· 13

3.1 实验目的 ··· 13

3.2 实验内容 ··· 13

3.3 习题 ··· 15

3.4 习题答案 ··· 19

第四章　顺序结构程序设计 ·· 24

4.1 实验目的 ··· 24

4.2 实验内容 ··· 24

4.3 习题 ··· 35

4.4 习题答案 ··· 39

第五章　分支结构程序设计 ·· 41

5.1 实验目的 ··· 41

5.2 实验内容 ··· 41

5.3 习题 ··· 51

5.4 习题答案 ··· 53

第六章 循环结构程序设计 ··· 57

6.1 实验目的 ··· 57

6.2 实验内容 ··· 57

6.3 习题 ··· 82

6.4 习题答案 ··· 86

第七章 数组的应用 ··· 95

7.1 实验目的 ··· 95

7.2 实验内容 ··· 95

7.3 习题 ··· 100

7.4 习题答案 ··· 101

第八章 函数编程 ··· 106

8.1 实验目的 ··· 106

8.2 实验内容 ··· 106

8.3 习题 ··· 110

8.4 习题答案 ··· 111

第九章 结构 ··· 117

9.1 实验目的 ··· 117

9.2 实验内容 ··· 117

9.3 习题 ··· 121

9.4 习题答案 ··· 124

第十章 指针 ··· 128

10.1 实验目的 ··· 128

10.2 实验内容 ··· 128

10.3 习题 ··· 135

10.4 习题答案 ··· 137

第十一章 文件 ··· 141

11.1 实验目的 ··· 141

11.2 实验内容 ··· 141

11.3 习题 ··· 145

11.4 习题答案 ··· 155

参考文献 ··· 159

第一章

C 语 言 概 述

1.1 实验目的

1. 熟悉 Visual C++ 6.0 编程环境,掌握 Visual C++ 6.0 下运行 C 程序的基本流程,包括工程创建、程序编辑、编译、连接和运行。
2. 理解程序调试及调试方法。
3. 了解 C 语言的特点;了解 C 程序的代码构成及结构。
4. 理解 C 语言程序编译和执行过程。

1.2 实验内容

1. 熟悉 Visual C++ 6.0 编程环境

【示例 1-1】在屏幕上显示"Welcome to C Programming!"。操作步骤参照视频 1-1。

视频 1-1

【上机步骤】

(1)创建源程序文件夹。在计算机上新建一个文件夹,用于存放 C 程序,如:C:\MyProject。

(2)启动 Visual C++ 6.0。点击【开始】菜单按钮,选择【所有程序】菜单项中的【Microsoft Visual C++ 6.0】菜单项,从弹出的菜单中选择【Microsoft Visual C++ 6.0 中文版】菜单项,进入 Visual C++ 6.0 系统界面,如图 1-1 所示。

(3)新建工程。选择【文件】菜单中的【新建】菜单项,在【工程】选项卡中选中【Win32 Console Application】工程类型,在对话框右侧输入工程名称"First",在【位置】按钮中选择工程

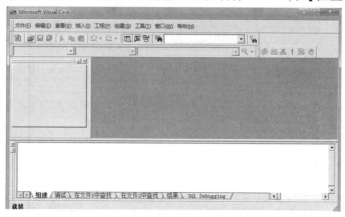

图 1-1　Visual C++ 6.0 系统界面

保存文件夹"C：\ MyProject"，如图 1-2 所示，设置完成后点击【确定】按钮。在控制台程序类型中选择【一个空工程】，如图 1-3 所示，点击【完成】按钮后，完成工程创建。

图 1-2　新建工程对话框

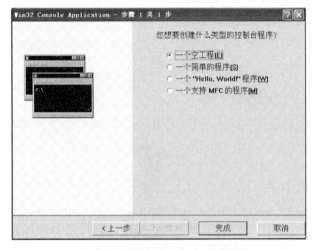

图 1-3　新建控制台程序对话框

（4）新建 C 源程序文件。选择【文件】菜单中的【新建】菜单项，在【文件】选项卡中选中【C++ Source File】，并在对话框右侧输入文件名"First. c"，如图 1-4 所示，点击【确定】按钮，出现代码编辑窗口。

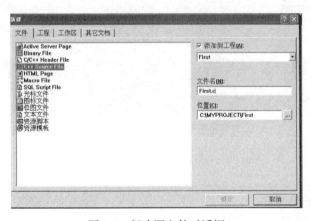

图 1-4　新建源文件对话框

（5）编写程序。在编辑窗口中输入源程序，如图1-5所示，然后通过【文件】菜单中的【保存】菜单项，保存源文件。

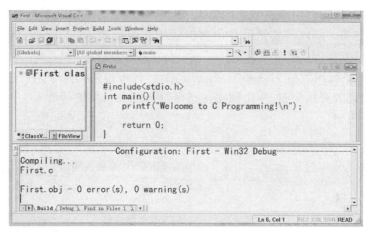

图1-5　C源程序编辑界面

（6）编译。通过【组建】菜单中的【编译First. cpp】菜单项，在弹出的对话框中选择【是】按钮进行编译，并在信息输出窗口中显示编译信息，如图1-5所示。

如果在信息输出窗口中显示"First. obj - 0 error(s),0 warning(s)"，表示程序编译正确，并生成目标文件"First. obj"。

如果在信息输出窗口中显示"error(s)"，表示错误，必须进行修改，否则程序无法运行；如果显示"warning(s)"，表示警告信息，说明程序中有错误但不影响目标文件的生成，这些错误通常也应该改正。

（7）连接。通过【组建】菜单中的【组建First. exe】菜单项进行连接。如果在信息输出窗口中显示"First. exe - 0 error(s),0 warning(s)"，表示程序连接正确，并生成可执行文件"First. exe"。

图1-6　C程序运行结果

（8）运行。通过【组建】菜单中的【执行First. exe】菜单项运行程序，运行结果如图1-6所示。

2. 简单程序设计

【示例1-2】计算两个整数的和。操作步骤参照视频1-2。

【分析】

视频1-2

在C语言中，数据通过数据的类型加以区别，使用数据时，需要在计算机内存中分配空间，但分配多大空间，是由数据的数据类型决定的。C语言的基本数据类型有整型（int）、长整型（long）、单精度实型（float）、双精度实型（double）、字符型（char）。

C语言中有常量和变量之分，常量是指程序运行过程中不发生变化的量，如：常数2、字符'A'、字符串"asd"。变量则是在程序运行过程中发生变化的量，任一时刻，变量均有特定的值。使用变量前必须指定变量的数据类型。使用常量只能实现两个指定数据的和，使用变量则可以求任意两个数的和,但两个变量求和前,必须给定变量的值,否则程序运行的结果不确定。

很显然,程序运行过程中涉及数据的输入、输出,输入是为了给定变量的值,输出是为了查看求和运算后的结果。所以需要使用 C 语言提供的系统函数 scanf、printf,C 语言没有专用的数据输入、输出语句。

C 语言提供的系统函数分为许多类,分别放置于不同的头文件中,程序中使用到系统函数,需要在程序代码的开始位置,使用预编译指令"#include <系统函数头文件名>"加以声明,否则,程序编译时出错。

【代码】

```
#include<stdio. h>              //预编译指令,标准输入输出头文件
int main( )                     //主函数
{
    int a,b,sum;                //声明三个整型变量
    scanf("%d%d",&a,&b);        //给两个变量输入数据
    sum = a + b;                //计算两个整数的和
    printf("%d+%d=%d\n",a,b,sum);  //输出两个整数的和
    return 0;
}
```

【说明】

在 C 语言中,字符的大小写是有区别的,分别代表不同的内容,如 scanf 与 Scanf 代表不同的名称。scanf、printf 函数使用时,需要提供不同的参数,必须符合其语法格式要求。代码的运行结果如图1-7所示。

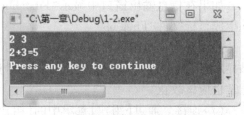

图 1-7　计算两个整数的和的运行结果

3. 改错题

【示例 1-3】此程序输出一些字符信息,其中有错误,请将此程序运行在 Visual C++编译环境中调试,找出错误改正,运行出正确结果。

【代码】

```
#include<stdio. h>
int mian( )
{
    printf("Programming is fun!  \n");
    printf("Fundamentals is first!  \n")
    return 0;
}
```

【分析】

C 语言程序是由函数构成的,至少有一个主函数 main( ),该主函数是程序的入口函数,一个工程文件中有一个且只能有一个 main( )函数,其他函数只能被调用;C 语言每条语句必须以";"结束。

【正确代码】

```
#include<stdio. h>
int main( )
{
    printf("Programming is fun! \n");
    printf("Fundamentals is first! \n");
    return 0;
}
```

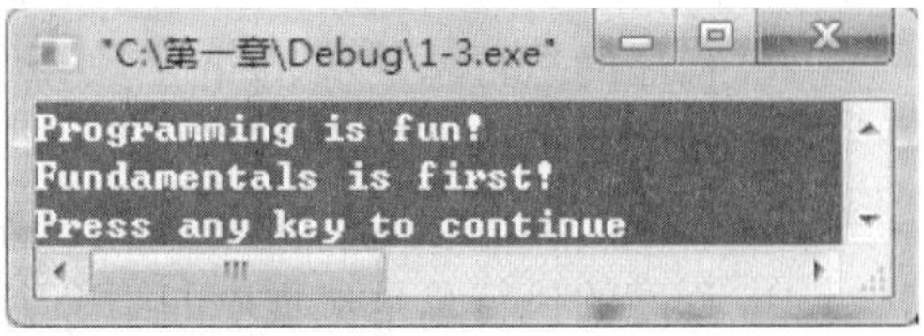

运行结果如图 1-8 所示。

图 1-8　【示例 1-3】运行结果

4. 常见错误分析

(1)使用中文标点符号。C 语言中所有分隔符必须是英文标点符号。

(2)main 函数名称错误。

(3)没有加";"。C 语言每条语句必须以";"结束。

(4)同一工程中有多个 main 函数。

1.3　习题

一、选择题

1. 以下叙述中正确的是(　　)。
   A. C 程序的基本组成单位是语句　　　　B. C 程序中的每一行只能写一条语句
   C. 简单 C 语句必须以分号结束　　　　D. C 语句必须在一行内写完

2. 计算机能直接执行的程序是(　　)。
   A. 源程序　　　B. 目标程序　　　C. 汇编程序　　　D. 可执行程序

3. 以下叙述中正确的是(　　)。
   A. C 程序中的注释只能出现在程序的开始位置和语句的后面
   B. C 程序书写格式严格,要求一行内只能写一个语句
   C. C 程序书写格式自由,一个语句可以写在多行上
   D. 用 C 语言编写的程序只能放在一个程序文件中

4. C 语言源程序名的后缀是(　　)。
   A. exe　　　　B. C　　　　C. obj　　　　D. cp

5. 以下叙述中正确的是(　　)。
   A. C 语言程序将从源程序中第一个函数开始执行
   B. 可以在程序中由用户指定任意一个函数作为主函数,程序将从此开始执行
   C. C 语言规定必须用 main 作为主函数名,程序将从此开始执行,在此结束
   D. main 可作为用户标识符,用以命名任意一个函数作为主函数

6. 以下叙述中错误的是(　　)。
   A. 计算机不能直接执行用 C 语言编写的源程序
   B. C 程序经 C 编译程序编译后,生成后缀为 . obj 的文件是一个二进制文件

    C. 后缀为 . obj 的文件,经连接程序生成后缀为 . exe 的文件是一个二进制文件

    D. 后缀为 . obj 和 . exe 的二进制文件都可以直接运行

7. 对于一个正常运行的 C 程序,以下叙述中正确的是(   )。

    A. 程序的执行总是从 main 函数开始,在 main 函数结束

    B. 程序的执行总是从程序的第一个函数开始,在 main 函数结束

    C. 程序的执行总是从 main 函数开始,在程序的最后一个函数中结束

    D. 程序的执行总是从程序的第一个函数开始,在程序的最后一个函数中结束

二、程序设计题

1. 输出个人信息,包括两行,第一行输出学号,第二行输出姓名。

2. 输出如图 1-9 所示图形。

3. 输出如图 1-10 所示图形。

图 1-9　输出图形样例

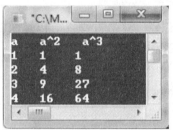
图 1-10　输出图形样例

4. 计算两个数的乘积。

5. 计算三个数的和。

1.4　习题答案

一、选择题

1. C   2. D   3. C   4. B   5. C   6. D   7. A

二、程序设计题

1. 程序代码如下:

```
#include<stdio. h>            //预编译指令,标准输入输出头文件
int main( )                   //主函数
{
    printf( "20161021001\n" );    //输出学号
    printf( "小明\n" );           //输出姓名
    return 0;
}
```

2. 程序代码如下:

```
#include<stdio. h>            //预编译指令,标准输入输出头文件
```

```
int main( )                          //主函数
{
    printf(" *        * \n");
    printf(" *      * \n");
    printf("   *  * \n");
    printf("    * \n");
    return 0;
}
```

3. 程序代码如下：

```
#include<stdio. h>                   //预编译指令,标准输入输出头文件
int main( )                          //主函数
{
    printf("a      a^2      a^3\n");
    printf("1      1        1\n");
    printf("2      4        8\n");
    printf("3      9        27\n");
    printf("4      16       64\n");
    return 0;
}
```

4. 程序代码如下：

```
#include<stdio. h>                   //预编译指令,标准输入输出头文件
int main( )                          //主函数
{
    int a,b,f;                       //声明三个整型变量
    scanf("%d%d",&a,&b);             //给两个变量输入数据
    f = a * b;                       //计算两个整数的乘积
    printf("%d * %d=%d\n",a,b,f);    //输出两个整数的乘积
    return 0;
}
```

5. 程序代码如下：

```
#include<stdio. h>                   //预编译指令,标准输入输出头文件
int main( )                          //主函数
{
    int a,b,c,sum;                   //声明四个整型变量
    scanf("%d%d%d",&a,&b,&c);        //给三个变量输入数据
    sum = a + b + c;                 //计算三个整数的和
    printf("%d+%d+%d=%d\n",a,b,c,sum);  //输出三个整数的和
    return 0;
}
```

第二章 >>>

算 法 概 述

2.1 实验目的

1. 了解算法的特性和算法的描述方法。
2. 理解结构化程序的三种基本结构:顺序结构、分支结构、循环结构。

2.2 实验内容

1. 顺序结构

【示例 2-1】输入圆的半径,计算圆的面积并输出。操作步骤参照视频 2-1。

【分析】

顺序结构:当执行由顺序语句构成的程序时,将按这些语句在程序中的先后顺序逐条执行。计算圆的面积需要有半径信息,所以需要定义两个变量 radius 和 area 分别表示圆的半径和面积,然后输入半径,最后计算面积并输出。

视频 2-1

【代码】

```
#include<stdio. h>              //预编译指令,标准输入输出头文件
int main( )                     //主函数
{
    double radius,area;         //定义变量
    printf("请输入圆的半径:");   //输入提示信息
    scanf("%lf",&radius);       //输入半径
    area = 3. 14 * radius * radius;  //计算圆的面积
    printf("圆的面积是:%lf\n",area);  //输出圆的面积
    return 0;
}
```

【说明】

一般在输入数据前应输出相关的提示信息,这样用户能知道该输入什么样的数据。圆的面积是小数类型,radius 和 area 变量使用 float 或 double 类型都可以。输出结果如图 2-1 所示。

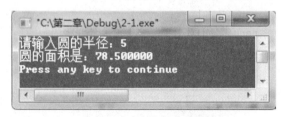

图 2-1　顺序结构输出结果

2. 分支结构

【示例 2-2】输入身高(单位:米)和体重(单位:千克)计算 BMI 指数,并输出肥胖信息。操作步骤参照视频 2-2。

视频 2-2

【分析】

分支结构:当执行分支语句时,将根据不同的条件去执行不同分支中的语句。分支结构程序设计主要确定分支条件和分支内容。本题共有 6 个分支。

【代码】

```
#include<stdio. h>                              //预编译指令,标准输入输出头文件
int main( )                                     //主函数
{
    double weight,height,bmi;                   //定义变量
    printf("请输入体重(千克)和身高(米):");       //输入提示信息
    scanf("%lf%lf",&weight,&height);            //输入体重和身高
    bmi = weight /(height * height);            //计算 bmi 值
    printf("你的 BMI 指数是:%lf\n",bmi);         //输出 bmi 值
    if( bmi < 16)                               //分支结构输出 bmi 等级
        printf("你太瘦了! \n");
    else if( bmi < 18)
        printf("你有点瘦! \n");
    else if( bmi < 24)
        printf("你是标准体重! \n");
    else if( bmi < 29)
        printf("你有点胖! \n");
    else if( bmi < 35)
        printf("你太胖了! \n");
    else
        printf("快去减肥吧! \n");
    return 0;
}
```

图 2-2　分支结构输出结果

输出结果如图 2-2 所示。

3. 循环结构

【示例 2-3】猜数字,产生一个 0~100 的随机数,用户竞猜这个随机数,如果所猜数字大于随机数,提示用户所猜数字太大,如果所猜数字小于随机数,提示用户所猜数字太小,重复竞猜直到所猜数字和随机数相等。

【分析】

循环结构:根据不同的条件,同一组语句重复执行多次或一次也不执行。循环结构程序设计主要任务是确定循环体和循环条件,本题循环体为输入竞猜数字,判断大小,循环条件为竞猜数字不等于随机数。

【代码】

```
#include<stdio. h>                        //预编译指令,标准输入输出头文件
#include<time. h>                         //包含时间头文件
#include<stdlib. h>                       //标准库文件
int main( )                               //主函数
{
    int number,input;                     //定义变量
    srand(time(NULL));                    //初始化随机数种子
    number = rand( )% 101;                //生成 0~100 的随机整数
    while(input != number)                //如果竞猜数字和随机数不相等就重复竞猜
    {
        printf("请输入竞猜数字:");          //输入提示信息
        scanf("%d",&input);               //输入竞猜数字
        if(input > number)                //判断竞猜数字大了或小了
            printf("你猜的数字大了! \n");
        else if(input < number)
            printf("你猜的数字小了! \n");
    }
    printf("正确! 随机数是%d\n",number);   //输出正确数字
    return 0;
}
```

输出结果如图 2-3 所示。

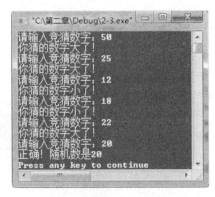

图 2-3　循环结构输出结果

2.3　习题

一、选择题

1. 以下叙述中错误的是(　　　)。
   A. C 语言是一种结构化程序设计语言
   B. 结构化程序由顺序、分支、循环三种基本结构组成
   C. 使用三种基本结构构成的程序只能解决简单问题
   D. 结构化程序设计提倡模块化的设计方法

2. 以下叙述中错误的是(　　　)。

　　A. 一个 C 语言程序只能实现一种算法

　　B. C 语言程序可以由多个程序文件组成

　　C. C 语言程序可以由一个或多个函数组成

　　D. 一个 C 语言函数可以单独作为一个 C 语言程序文件存在

3. 下列叙述中,不符合良好程序设计风格要求的是(　　　)。

　　A. 程序的效率第一,清晰第二　　　　B. 程序的可读性好

　　C. 程序中要有必要的注释　　　　　　D. 输入数据要有提示信息

4. 程序设计方法要求在程序设计过程中(　　　)。

　　A. 先编写程序,调试运行结果正确后再画出程序的流程图

　　B. 先编写程序,调试运行结果正确后再在程序中的适当位置处加注释

　　C. 先画出流程图,再根据流程图编写程序,最后调试运行结果正确后再在程序中的适当位置处加注释

　　D. 以上三种说法都不对

5. 下列叙述中正确的是(　　　)。

　　A. 每个 C 程序文件中都必须要有一个 main( ) 函数

　　B. 在 C 程序中 main( ) 函数的位置是固定的

　　C. C 程序中所有函数之间都可以相互调用,与函数所在位置无关

　　D. 在 C 程序的函数中不能定义另一个函数

二、程序设计题

1. 输入矩形的长和宽,计算矩形面积并输出。

2. 输入一个正整数,判断奇偶性并输出结果。

3. 输入一个正整数 n,计算 $1+2+3+\cdots+n$ 的和。

2.4　习题答案

一、选择题

1. C　　　2. A　　　3. A　　　4. D　　　5. D

二、程序设计题

1. 程序代码如下:

```
#include<stdio. h>                //预编译指令,标准输入输出头文件
int main( )                       //主函数
{
    int lenght,width,area;        //定义变量
    printf("请输入矩形的长和宽:");  //输入提示信息
    scanf("%d%d",&lenght,&width);  //输入长和宽
    area = lenght * width;        //计算矩形的面积
    printf("圆的面积是:%d\n",area); //输出矩形的面积
```

```
        return 0;
    }
```

2. 程序代码如下：

```
#include<stdio. h>                      //预编译指令,标准输入输出头文件
int main( )                             //主函数
{
    int number;                         //定义变量
    printf("请输入一个正整数:");          //输入提示信息
    scanf("%d",&number);                //输入正整数
    if( number % 2 == 0)                //判断整数的奇偶性
        printf("%d 是偶数\n",number);    //偶数分支
    else
        printf("%d 是奇数\n",number);    //奇数分支
    return 0;
}
```

3. 程序代码如下：

```
#include<stdio. h>                      //预编译指令,标准输入输出头文件
int main( )                             //主函数
{
    int sum,i,n;                        //定义变量
    printf("请输入一个正整数 n:");        //输入提示信息
    scanf("%d",&n);                     //输入正整数 n
    sum = 0;                            //求和变量初始化为 0
    for(i = 1;i <= n; i++)              //for 循环计算 1 到 n 的和
    sum = sum + i;                      //循环体
    printf("1 到%d 的和是%d\n",n,sum);   //输出求和结果
    return 0;
}
```

第三章 ▶▶▶▶

C 语言中的符号与运算

3.1 实验目的

1. 理解标识符的概念及命名规则。
2. 理解常量和变量的概念及其应用。
3. 理解数据类型的概念及其应用。
4. 掌握算术运算符、关系运算符、逻辑运算符及其应用。
5. 掌握条件运算符、sizeof 运算符及其应用。
6. 理解类型转换的概念及其应用。

3.2 实验内容

1. 数据类型及其应用

【示例 3-1】输入三个整数计算其平均值并输出。操作步骤参照视频 3-1。

【分析】

在 C 语言中变量先定义后使用,定义变量格式是:数据类型 变量名;常用的基本数据类型有:int(整型)、float(单精度)、double(双精度)和 char(字符型)。

【代码】

视频 3-1

```
#include<stdio. h>          //预编译指令,标准输入输出头文件
int main( )                 //主函数
{
    int a,b,c;              //定义变量
    float avg;             //定义变量
    printf("请输入三个整数:");   //输入提示信息
    scanf("%d%d%d",&a,&b,&c);   //输入三个整数
    avg = (a + b + c)/3.0;   //计算平均值
    printf("平均值为%f\n",avg);   //输出结果
    return 0;
}
```

输出结果如图 3-1 所示。

【示例 3-2】输入一个整数 n,计算 n 的平方和立方并输出结果。

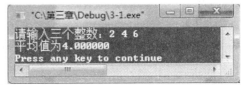

图 3-1　平均数输出结果

【分析】

本题需要三个变量分别存储整数 n、n^2、n^3 的值。

【代码】

```
#include<stdio.h>                        //预编译指令,标准输入输出头文件
int main( )                              //主函数
{
    int n,n2,n3;                         //定义变量
    printf("请输入一个整数 n:");          //输入提示信息
    scanf("%d",&n);                      //输入一个整数
    n2 = n * n;                          //计算 n 的平方
    n3 = n * n * n;                      //计算 n 的立方
    printf("%d 的平方是%d\n",n,n2);       //输出 n 的平方
    printf("%d 的立方是%d\n",n,n3);       //输出 n 的立方
    return 0;
}
```

图 3-2　n 的平方与立方输出结果

输出结果如图 3-2 所示。

2. 运算符及其应用

【示例 3-3】 输入一个三位数整数,分别输出其个位、十位和百位。

【分析】

算术运算符"%"和"/"的使用。

【代码】

```
#include<stdio.h>                        //预编译指令,标准输入输出头文件
int main( )                              //主函数
{
    int number,a,b,c;                    //定义变量
    printf("请输入一个三位数整数:");       //输入提示信息
    scanf("%d",&number);                 //输入一个三位整数
    a = number % 10;                     //计算个位数字
    printf("个位数是%d\n",a);             //输出个位数字
    b = number % 100 / 10;               //计算十位数字
    printf("十位数是%d\n",b);             //输出十位数字
    c = number / 100;                    //计算百位数字
    printf("百位数是%d\n",c);             //输出百位数字
    return 0;
}
```

图 3-3　整数各位数输出结果

输出结果如图 3-3 所示。

【示例 3-4】 输入一个年份判断是否为闰年,并输出结果。操作步骤参照视频 3-2。

【分析】

关系运算符"=="" !="和逻辑运算符"&&""||"的使用。

视频 3-2

【代码】

```
#include<stdio. h>                              //预编译指令,标准输入输出头文件
int main( )                                     //主函数
{
    int year;                                   //定义变量
    printf("请输入一个年份:");                     //输入提示信息
    scanf("%d",&year);                          //输入年份
    if(year%4==0 && year%100!=0||year%400==0)    //判断是否是闰年
        printf("%d 是闰年\n",year);               //是闰年分支
    else
        printf("%d 不是闰年\n",year);             //不是闰年分支
    return 0;
}
```

输出结果如图 3-4 所示。

图 3-4 闰年判断输出结果

【示例 3-5】输入两个整数,计算并输出最大值。

【分析】

条件运算符"?:"的使用。

【代码】

```
#include<stdio. h>                              //预编译指令,标准输入输出头文件
int main( )                                     //主函数
{
    int a,b,max;                                //定义变量
    printf("请输入两个整数:");                      //输入提示信息
    scanf("%d%d",&a,&b);                        //输入两个整数
    max=a>=b? a:b;                              //计算最大值
    printf("最大值是:%d\n",max);                  //输出最大值
    return 0;
}
```

输出结果如图 3-5 所示。

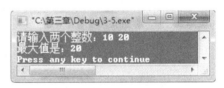

图 3-5 计算最大值输出结果

3.3 习题

一、选择题

1. 以下 4 组用户标识符,合法的一组是( )。
   A. For-sub Case B. 4d DO Size C. f2_G3 IF abc D. WORD void define
2. 以下选项中合法的字符常量是( )。
   A. "B" B. '\010 ' C. 68 D. D
3. 下列数据中,不合法的 C 语言实型数据是( )。
   A. 0.123 B. 123e3 C. 2.1e3.5 D. 789.0
4. 若变量 a 是 int 型,并执行了语句:a=' A '+1;,则下列正确的叙述是( )。
   A. a 的值是字符 C   B. a 的值是浮点型

C. 不允许字符型和整型相加　　　　D. a 的值是字符 B

5. 以下叙述正确的是（　　　）。

　　A. 在 C 程序中，每行只能写一条语句

　　B. 若 a 是实型变量，C 程序中允许赋值 a＝10，因此实型变量中允许存放整型数

　　C. 在 C 程序中，无论是整型还是实数，都能被准确无误地表示

　　D. 在 C 程序中，% 是只能用于整数运算的运算符

6. C 语言中的标识符只能由字母、数字和下划线三种字符组成，且第一个字符（　　　）。

　　A. 必须是字母　　　　　　　　　　B. 必须为下划线

　　C. 必须为字母或下划线　　　　　　D. 可以是字母、数字和下划线中任一个字符

7. 设 x、y 均为整型变量，且 x＝10，y＝3，则以下语句的输出结果是（　　　）。

　　printf("%d,%d\n",x--,--y);

　　A. 10,3　　　　　　B. 9,3　　　　　　C. 9,2　　　　　　D. 10,2

8. 以下选项中正确的定义语句是（　　　）。

　　A. double a;b;　　　　　　　　　　B. double a＝b＝7;

　　C. double a＝7,b＝7;　　　　　　　D. double ,a,b;

9. 以下不能正确表示代数式 $\frac{2ab}{cd}$ 的 C 语言表达式是（　　　）。

　　A. 2*a*b/c/d　　　B. a*b/c/d*2　　　C. a/c/d*b*2　　　D. 2*a*b/c*d

10. 以下关于 long、int 和 short 类型数据占用内存大小的叙述中正确的是（　　　）。

　　A. 均占 4 个字节

　　B. 根据数据的大小来决定所占内存的字节数

　　C. 由用户自己定义

　　D. 由 C 语言编译系统决定

11. 以下选项中，当 x 为大于 1 的奇数时，值为 0 的表达式是（　　　）。

　　A. x%2＝1　　　B. x/2　　　C. x%2!＝0　　　D. x%2＝0

12. 若变量 x、y 已正确定义并赋值，以下符合 C 语言语法的表达式是（　　　）。

　　A. ++x,y＝x--　　B. x+1＝y　　C. x＝x+10＝x+y　　D. double(x)/10

13. 设有定义：int k＝0;以下选项的 4 个表达式中与其他 3 个表达式的值不相同的是（　　　）。

　　A. k++　　　　B. k+＝1　　　C. ++k　　　　D. k+1

14. 以下关于逻辑运算符两侧运算对象的叙述中正确的是（　　　）。

　　A. 只能是整数 0 或 1　　　　　　B. 只能是整数 0 或非 0 整数

　　C. 可以是结构体类型的数据　　　　D. 可以是任意合法的表达式

15. 若有表达式 w?--x:++y,则下列与 w 等价的表达式是（　　　）。

　　A. w＝＝1　　　B. w＝＝0　　　C. w!＝1　　　D. w!＝0

二、填空题

1. 有以下程序段，程序运行后的输出结果是_____。

```
#include<stdio. h>
int main( )
{
    int a=200,b=010;
    printf("%d%d\n",a,b);
    return 0;
}
```

2. 有以下程序段,程序运行后的输出结果是_____。

```
#include<stdio. h>
int main( )
{
    int a;
    a=(int)((double)(3/2)+0. 5+(int)1. 99 * 2);
    printf("%d\n",a);
    return 0;
}
```

3. 有以下程序段,程序运行后输入 1234567,输出结果是_____。

```
#include<stdio. h>
int main( )
{
    int x,y;
    scanf("%2d%1d",&x,&y);
    printf("%d\n",x+y);
    return 0;
}
```

4. 有以下程序段,程序运行后的输出结果是_____。

```
#include<stdio. h>
int main( )
{
    int k=011;
    printf("%d\n",k++);
    return 0;
}
```

5. 有以下程序段,程序运行后的输出结果是_____。

```
#include<stdio. h>
int main( )
{
    int x = 011;
    printf("%d\n",++x);
    return 0;
}
```

6. 有以下程序段,程序运行后的输出结果是_____。

```
#include<stdio. h>
int main( )
{
    int a=2,b=2,c=2;
    printf("%d\n",a/b&c);
    return 0;
}
```

7. 有以下程序段,程序运行后的输出结果是_____。

```
#include<stdio. h>
int main( )
{
    int a =(int)((double)9/2)-(9)%2;
    printf("%d\n",a);
    return 0;
}
```

8. 有以下程序段,程序运行后的输出结果是_____。

```
#include<stdio. h>
int main( )
{
    int a=1,b=0;
    printf("%d,",b=a+b);
    printf("%d\n",a=2 * b);
    return 0;
}
```

9. 有以下程序段,程序运行后的输出结果是_____。

```
#include<stdio. h>
int main( )
{
    int a=1,b=2,c;
    c = ++a+b;
    printf("%d\n",c);
    return 0;
}
```

10. 有以下程序段,程序运行后的输出结果是_____。

```
#include<stdio. h>
int main( )
{
    int a=10,b=2,c;
    c = a>b? a:b;
    printf("%d\n",c);
    return 0;
}
```

三、程序设计题

1. 输入两个点的坐标,计算两点间的距离并输出。

2. 输入一个大写字母,转换成小写字母并输出。

3. 金额兑换。输入一个金额,计算需要多少元、角、分。

4. 输入一个整数,判断是否能被 3 整除。

5. 将英尺转换为米。编写程序,读入英尺数,将其转换为米数并输出。1 英尺 = 0.305 米。

6. 计算三角形的面积。编写程序,输入三角形的三条边长,计算三角形面积并输出。(三角形面积计算公式:面积 = $\sqrt{s(s-a)(s-b)(s-c)}$,其中 $s = (a+b+c)/2$,a、b、c 为三角形三条边长)

7. 计算绝对值。输入一个整数,计算其绝对值并输出。

8. 对两个整数排序。输入两个整数,按从小到大的顺序输出。

9. 猴子吃桃,第一天吃掉桃子总数一半多一个,第二天又将剩下的桃子吃掉一半多一个,以后每天吃掉前一天剩下的一半多一个,到第 n 天准备吃的时候只剩下一个桃子。请计算猴子第一天开始吃的时候桃子一共有多少个。

10. 有 n 人坐在一起,当问第 n 个人多少岁,他说比第 $n-1$ 个人大 2 岁,问第 $n-1$ 个人多少岁,他说比第 $n-2$ 个人大 2 岁,依此下去,问第一个人多少岁,他说他 10 岁,求第 n 个人多少岁。

11. 在一个平面上有一个圆和 n 条直线,这些直线中每一条在圆内同其他直线相交,假设没有 3 条直线相交于一点,试问这些直线将圆分成多少区域?

12. 平面上有 n 条折线,问这些折线最多能将平面分割成多少块?

3.4 习题答案

一、选择题

1. C   2. B   3. C   4. D   5. D   6. C   7. D   8. C   9. D   10. D
11. D   12. A   13. C   14. D   15. D

二、填空题

1. 2008   2. 3   3. 15   4. 9   5. 10   6. 0   7. 3   8. 1,2   9. 4   10. 10

三、程序设计题

1. 程序代码如下:

```
#include<stdio. h>                    //预编译指令,标准输入输出头文件
#include<math. h>                     //包含数学函数头文件
int main( )                           //主函数
{
    int x1,y1,x2,y2;                  //定义变量
```

```
    double distance;                                              //定义变量
    printf("请输入第一个点的坐标(x y):");                          //输入提示信息
    scanf("%d%d",&x1,&y1);                                        //输入第一个点的坐标
    printf("请输入第二个点的坐标(x y):");                          //输入提示信息
    scanf("%d%d",&x2,&y2);                                        //输入第二个点的坐标
    distance = sqrt((x1-x2)*(x1-x2)+(y1-y2)*(y1-y2));            //计算两点间的距离
    printf("两点间的距离是:%lf\n",distance);                      //输出两点间的距离
    return 0;
}
```

2. 程序代码如下:

```
#include<stdio.h>                       //预编译指令,标准输入输出头文件
int main()                             //主函数
{
    char uc,lc;                         //定义变量
    printf("请输入一个大写字母:");        //输入提示信息
    scanf("%c",&uc);                    //输入一个大写字母
    lc = uc + 32;                       //大写字母转换成小写字母
    printf("转换成小写字母是%c\n",lc);   //输出小写字母
    return 0;
}
```

3. 程序代码如下:

```
#include<stdio.h>                       //预编译指令,标准输入输出头文件
int main()                             //主函数
{
    float money;                        //定义变量
    int m,y,j,f,remain;                 //定义变量
    printf("请输入金额(单位:元):");      //输入提示信息
    scanf("%f",&money);                 //输入金额
    m = money * 100;                    //计算一共有多少分钱
    y = m / 100;                        //计算 1 元的数量
    printf("总共需要%d 个 1 元\n",y);    //输出 1 元的数量
    remain = m % 100;                   //剩余 1 分的个数
    j = remain / 10;                    //计算 1 毛的数量
    printf("总共需要%d 个 1 毛\n",j);    //输出 1 毛的数量
    remain = remain % 10;               //剩余 1 分的个数
    f = remain;                         //计算 1 分的数量
    printf("总共需要%d 个 1 分\n",f);    //输出 1 分的数量
    return 0;
}
```

4. 程序代码如下:

```
#include<stdio.h>                       //预编译指令,标准输入输出头文件
int main()                             //主函数
```

```
{
    int number;                               //定义变量
    printf("请输入一个整数:");                   //输入提示信息
    scanf("%d",&number);                       //输入一个整数
    if( number % 3 == 0 )                     //判断是否能被 3 整除
        printf("%d 能被 3 整除\n",number);      //能被 3 整除分支
    else
        printf("%d 不能被 3 整除\n",number);    //不能被 3 整除分支
    return 0;
}
```

5. 程序代码如下:

```
#include<stdio. h>                            //预编译指令,标准输入输出头文件
int main( )                                   //主函数
{
    float inch,m;                             //定义变量
    printf("请输入英尺数:");                     //输入提示信息
    scanf("%f",&inch);                        //输入英尺
    m = inch * 0. 305;                        //计算米数
    printf("%f\n",m);                         //输出米数
    return 0;
}
```

6. 程序代码如下:

```
#include<stdio. h>                            //预编译指令,标准输入输出头文件
#include<math. h>                             //数学库函数头文件
int main( )                                   //主函数
{
    int a,b,c;                                //定义变量
    double s,area;                            //定义变量
    printf("请输入三角形的三条边长:");            //输入提示信息
    scanf("%d%d%d",&a,&b,&c);                 //输入三角形的三条边长
    if(a+b>c || a+c>b || b+c>a)               //判断三条边是否能构成三角形
    {
        s =(a+b+c)/2.0;                       //计算 s
        area = sqrt(s * (s-a) * (s-b) * (s-c)); //计算三角形面积
        printf("%f\n",area);                  //输出面积
    }
    else
        printf("不能构成三角形\n");              //不能构成三角形分支
    return 0;
}
```

7. 程序代码如下:

```
#include<stdio. h>                            //预编译指令,标准输入输出头文件
```

```
int main( )                                    //主函数
{
    int number,abs;                            //定义变量
    printf("请输入一个整数:");                 //输入提示信息
    scanf("%d",&number);                       //输入一个整数
    abs = number>=0? number:-number;           //计算绝对值
    printf("%d 的绝对值是%d\n",number,abs);    //输出绝对值
    return 0;
}
```

8. 程序代码如下:

```
#include<stdio.h>                              //预编译指令,标准输入输出头文件
int main( )                                    //主函数
{
    int a,b;                                   //定义变量
    int first,last;                            //定义变量
    printf("请输入两个整数:");                 //输入提示信息
    scanf("%d%d",&a,&b);                       //输入两个整数
    first = a<b? a:b;                          //计算两个数中的最小值
    last = a>=b? a:b;                          //计算两个数中的最大值
    printf("%d %d\n",first,last);
    return 0;
}
```

9. 程序代码如下:

```
#include<stdio.h>                              //预编译指令,标准输入输出头文件
#include<math.h>                               //数学库函数头文件
int main( )                                    //主函数
{
    int n,s;                                   //定义变量
    printf("请输入天数:");                     //输入提示信息
    scanf("%d",&n);                            //输入天数
    s = pow(2,n)-1;                            //计算桃子总数
    printf("%d\n",s);                          //输出桃子总数
    return 0;
}
```

10. 程序代码如下:

```
#include<stdio.h>                              //预编译指令,标准输入输出头文件
int main( )                                    //主函数
{
    int n,s;                                   //定义变量
    printf("请输入人数:");                     //输入提示信息
    scanf("%d",&n);                            //输入人数
    s = 10+(n-1)*2;                            //计算第 n 个人的年龄
```

```
        printf("%d\n",s);                    //输出第 n 个人的年龄
        return 0;
}
```

11. 程序代码如下：

```
#include<stdio. h>                            //预编译指令,标准输入输出头文件
int main( )                                   //主函数
{
        int n,s;                              //定义变量
        printf("请输入直线数:");              //输入提示信息
        scanf("%d",&n);                       //输入直线数
        s = n*(n+1)/2+1;                      //计算 n 条直线分割圆的区域数量
        printf("%d\n",s);                     //输出 n 条直线分割圆的区域数量
        return 0;
}
```

12. 程序代码如下：

```
#include<stdio. h>                            //预编译指令,标准输入输出头文件
int main( )                                   //主函数
{
        int n,s;                              //定义变量
        printf("请输入折线数:");              //输入提示信息
        scanf("%d",&n);                       //输入折线数
        s = 2*n*n-n+1;                        //计算折线分割平面数量
        printf("%d\n",s);                     //输出折线分割平面数量
        return 0;
}
```

第四章 >>>>

顺序结构程序设计

4.1　实验目的

1. 理解并掌握顺序结构程序设计的方法。
2. 熟练掌握 C 语言中赋值语句的使用方法。
3. 掌握格式输入 scanf( ) 函数、输出 printf( ) 函数的调用语法;掌握整型、实型、字符型数据的输入输出格式。
4. 掌握字符输入输出函数 getchar( )、putchar( ) 函数的调用语法。
5. 设计简单的顺序结构程序。

4.2　实验内容

1. 调试示例

【示例 4-1】调试下列程序并分析正确定义且赋初值的语句。

```
#include
int main( )
{
    int a,b;
    float x,y;
    a=1,b=2,
    y=(x%2)/10;
    x * =y+8;
    a+b=x;
    return 0;
}
```

【分析】
本题目考察赋值语句的语法。a=1,b=2,语句中 a=1,b=2 赋值方式正确,但是该语句以逗号结束,属于语法错误。y=(x%2)/10;语句中使用了求余数运算符%,该运算符要求左操作数必须为整数类型。x * =y+8;语句中符号 * =属于复合赋值运算符,属于正确赋值方式。a+b=x;语句中赋值符号左操作数变现为表达式形式,错误。因此正确表达式为 x * =y+8;。

【说明】
对 y=(x%2)/10 语句,使用测试代码查看编译程序结果如图 4-1 所示。
其中代码如下:

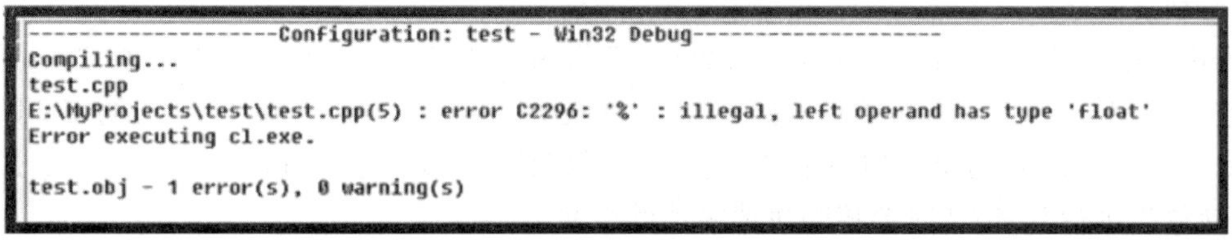

--------------------Configuration: test - Win32 Debug--------------------
Compiling...
test.cpp
E:\MyProjects\test\test.cpp(5) : error C2296: '%' : illegal, left operand has type 'float'
Error executing cl.exe.
test.obj - 1 error(s), 0 warning(s)

图 4-1　错误提示

```
#include "stdio.h"
int main()
{
    float x = 10.0;
    float y = (x%2)/10;
    return 0;
}
```

提示的错误为 error C2296：'%'：illegal,left operand has type 'float'，表明求余运算符左操作数为 float 类型，不合法。

对于语句 x * = y+8;，通过测试程序形式查看复合赋值语句运行机制，代码如下所示。

```
#include "stdio.h"
int  main()
{
    int x = 3;
    int y = 4;
    y *= x+2;
    printf("%d",y);
    return 0;
}
```

"C:\第四章\Debug\4-1.exe"
20Press any key to continue_

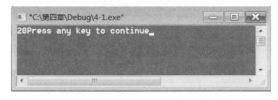

图 4-2　复合运算结果

运行结果如图 4-2 所示。

从图 4-2 结果中分析出 y *= x+2 相当于 y=y*(x+2)。

【示例 4-2】调试下列程序并分析①②③④语句中赋值结果。

```
#include
int main()
{
    int a=5,b;
    b=a/2;  //①
    a=5;
    b=b+2;  //②
    a=5;
    b=2%a;  //③
    b=5;b=2;//④
    return 0;
}
```

【分析】

语句①中,a/2 说明对变量 a 整除运算,得结果为 2,赋值给变量 b。语句③中 2%a 是对 2 求余数运算,对于 5 求余数运算得 0 余 2,将 2 赋值给变量 b。语句④中,b=2 表明将 2 赋值给变量 b。语句②中,运行赋值符右表达式会出现随机值,因为在定义过程中未对变量 b 进行初始化,导致当进行 b=b+2 时会将随机值赋值给变量 b。

【说明】

编写一个简单的测试程序查看运行结果,代码如下:

```
#include "stdio. h"
int main( )
{
    int a =2,b;
    b = b+2;
    printf("%d",b);
    return 0;
}
```

在编译过程中会出现警告:warning C4700:local variable ' b ' used without having been initialized,表明局部变量 b 使用时未对其进行初始化。

程序运行结果如图 4-3 所示。

从运行结果看出变量 b 赋值后的结果为随机值。

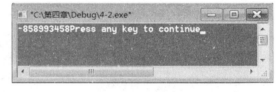

图 4-3 出现随机值

【示例 4-3】调试下列程序并分析程序功能。

```
#include "stdio. h"
int main( )
{
    int a =2;
    int b=3;
    a+=b;
    b=a-b;
    a-=b;
    return 0;
}
```

【分析】

a 和 b 均为 int 变量,第一条语句 a+=b,表示 a=a+b。第二条语句 b=a-b 中,a 的值由于第一条语句变为 a+b,因此相当于 b=(a+b)-b,即 b=a。第三条语句中 a-=b,相当于 a=a-b,此时的 a 由于第一条语句的作用其值变成了 a+b,再由于第二条语句的作用已变成 b=a,因此第三条语句相当于 a=(a+b)-a,即 a=b。因此最终运行结果为交换 a 和 b 中的值。

【说明】

通过测试程序查看其效果,代码如下:

```
#include "stdio. h"
```

```
int    main( )
{
    int a = 2;
    int b = 3;
    a+=b;
    b=a-b;
    a-=b;
    printf("a=%d    b=%d",a,b);
    return 0;
}
```

运行结果如图 4-4 所示。

从上述结果能看出通过该程序,可以达到不用第三变量的情况下交换两个变量值的目的。

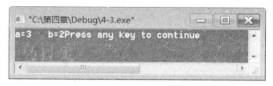

图 4-4　交换两个数值

【示例 4-4】调试下列程序并分析程序运行结果。

```
#include "stdio. h"
int main( )
{
    float a = 3. 1415927f;
    printf(" * %8. 2f * \n",a);
    printf(" * %7. 3f * \n",a);
    printf(" * %-7. 3f * \n",a);
    printf(" * %1. 5f * \n",a);
    printf(" * %. 4f * \n",a);
    return 0;
}
```

【分析】

本题目考察 printf 函数中输出格式的理解与应用,在程序代码中 * 符号是为了查看输出格式而引入的标识符号,将上述输出格式可以使用通用的表达式表示为%m. n 模式。其中 m 代表将要输出的数的列数,包括小数点,n 代表小数点后面输出的位数;当加了 n 后,如果实际列数小于 m,则当 m 大于 0 时采取左侧补空格的形式,小于 0 时采取右侧补空格。第一条输出语句 printf("%8. 2f",a);其中 2 表示小数位为两位,因此 3.1415927,被四舍五入后截成 3.14,再考虑 8 表明输出后的数字一共占 8 列,其中 3.14 已经占了 4 列(包括小数点在内),因此在 3.14 左侧补上 4 个空格并输出。第二条输出语句中 printf(" * %7. 3f * ",a);先查看小数点的输出为 3,并且小于整体输出的列数 7,因此变量值 3.1415927 变为 3.142,因为下一位为 5,因此四舍五入从 3.141 变为 3.142,再看总的输出列为 7,因此在左侧添加 2 个空格,最终保证输出列为 7。输出语句 printf(" * %-7. 3f * \n",a);小数位输出为三位,总输出列为 7,负数表示左侧对齐。因此先将 3.1415927 四舍五入方法截成 3.142,并输出时左对齐,并在右侧添加 3 个空格。输出语句 printf(" * %1. 5f * \n",a)表明小数位个数为 5,因此 3.1415927 使用四舍五入的方式截成 3.14159,考虑总输出长度为 1,小于小数位个数 5,因此忽略总长度限制,直接输出 3.14159。输出语句 printf(" * %. 4f * \n",a);小数位输出限制为 4,没有总体列限制,因此 3.1415729 被四舍五入截成 3.1416 后直接输出。输出结果为:*   3.14 *、*   3.142 *、*   3.142 *、* 3.14159 * 和 * 3.1416 *。

【说明】

printf 函数有丰富的格式控制模式,本例为一种典型的应用。主要都采用%m. n 模式,在分析时先考虑小数位的限制,然后再看整个输出列的限制,当小数位的控制大于整个输出列的大小,则忽略整个输出列的限制。在整个输出列的控制中正数为靠右输出,左侧补空格,负数时靠左侧输出,右侧补空格。其中还要注意小数点也占一个单独输出位置。为了进一步验证输出格式控制的原理,将上述程序改成如下方式,其中输出 * 符号,主要用于检查和定对输出格式,代码如下:

```
#include "stdio. h"
int main( )
{
    float a = 3.1415927f;
    printf(" * %8. 2f * \n",a);
    printf(" ************\n");
    printf(" * %7. 3f * \n",a);
    printf(" ************\n");
    printf(" * %-7. 3f * \n",a);
    printf(" ************\n");
    printf(" * %1. 5f * \n",a);
    printf(" * %. 4f * \n",a);
    return 0;
}
```

运行结果为如图 4-5 所示。

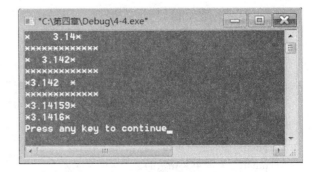

图 4-5 输出格式控制

2. 程序填空题

【示例 4-5】有以下程序:

```
#include "stdio. h"
int main( )
{
    int y = 457;
    printf(" * %4o * \n",y);
    printf(" * %-4o * \n",y);
    printf(" * %04o * \n",y);
    printf(" * %#6X * \n",y);
    printf(" * %6X * \n",y);
    printf(" * %06X * \n",y);
    return 0;
}
```

程序运行结果为_____。

【分析】

本题目考察 printf 函数对整数类型输出格式的控制知识点的理解和运用。题目中有整数变量 y,其值为 457,输出语句 printf(" * y=%4o * \n",y);其中 o 表示输出格式为八进制的形式输出结果,将 457 转换为八进制形式为 711,其中 4 表示输出位长度为 4,并且右对齐,左侧补空格符,因此输出 * ~711 * ,~表示空格符。语句 printf(" * y=%-4o * \n",y);表示将输出格式转换为八进制形式,并且控制总长度为 4 位,左对齐输出,右侧补空格符,因此输出为 * 711~ * ,~表示空格符。输出语句 printf(" * y=%04o * \n",y);表示八进制输出,并在左侧补 0,总输出长度为 4,因此输出 * 0711 * 。语句 printf(" * y=%#6X * \n",y);表示将数字转换成 16 进制的表达式 1C9,#表示在 16 进制前带有前缀表达式,并且将其长度控制为 6,因此输出 * 0X1C9 * 。语句 printf(" * %6X * \n",y);表示 16 进制形式输出,右侧对齐,输出长度为 6,因此输出形式为 * ~~~1C9 * ,其中~表示空格。语句 printf(" * %06X * \n",y);表示将以 16 进制形式输出,长度为 6,右对齐左侧补 0,输出格式为 * 0001C9 * 。

【说明】

在整数类型输出时,首先注意输出形式为%mo,m 表示输出长度,o 表示使用八进制形式输出,m 前 0 表示在长度之内使用 0 补齐。%mX,m 表示输出长度,X 表示以 16 进制进行输出,m 前的 0 表示将空位使用 0 对其补齐,m 前的#表示将 16 进制使用 0x 前缀模式输出。为了检验其输出格式,将代码改为如下所示。

```c
#include " stdio. h"
int main( )
{
    int y=457;
    printf(" * y=%4o * \n",y);
    printf(" ************\n");
    printf(" * y=%-4o * \n",y);
    printf(" ************\n");
    printf(" * y=%06o * \n",y);
    printf(" ************\n");
    printf(" * y=%#6X * \n",y);
    printf(" ************\n");
    printf(" * y=%6X * \n",y);
    printf(" ************\n");
    printf(" * y=%06X * \n",y);
    return 0;
}
```

其运行结果如图 4-6 所示。

图 4-6　整数输出形式控制

3. 程序阅读题

【示例 4-6】按格式要求输入/输出数据。

```c
#include " stdio. h"
int main( )
{
```

```
int a,b;              //定义两个整型变量 a 和 b
float x;              //定义一个单精度类型变量 x
double y;             //定义一个双精度类型变量 y
char c;               //定义一个字符型变量 c
printf("input numbers: ");        //提示输入
scanf("a=%d,b=%d",&a,&b);        //输入变量 a 和 b 的值
scanf("%f%lf",&x,&y);            //输入变量 x 和 y 的值
scanf("%c",&c);                 //输入变量 c 的值
printf("a=%d,b=%3d,x=%.2f,y=%3.1lf,c=%c \n",a,b,x,y,c);    //输出变量 a,b,x,y,c 的值
return 0;
}
```

运行结果如图 4-7 所示。

【说明】

在本例中,由于 scanf 函数本身不能显示提示串,故先用 printf 语句在屏幕上输出提示,请用户输入 a、b、x、y、c 的值。执行 scanf 语句,等待用户输入。用户在输入 a,b 值的时候一定要注意非格式字符串在输入时原样输

图 4-7　控制输出长度

入,所以要输入 a=1,b=2。在 scanf 语句的格式串中由于没有非格式字符在"%f%lf"之间作输入时的间隔,因此在输入 x,y 时要用一个以上的空格或回车键作为两个输入数之间的间隔。对于字符型数值的输入一定要注意空格和回车也属于字符。

由于格式控制串不同,本例中输出的结果也不相同,非格式字符串在输出时也要原样输出,其中"%3d"要求输出宽度为3,而 a 值为 1 只有一位故补两个空格。"%.2f"指定输出小数位数为 2 位,由于实际小数位数超过 2 位部分被截去。"%3.1lf"由于指定输出宽度为3,小数位数为 1 位。

数据输出语句是向标准输出设备显示器输出数据的语句。在 C 语言中,所有的数据输入/输出都是由库函数完成的,因此都是函数语句。printf 函数称为格式输出函数,其关键字最末一个字母 f 即为"格式"(format)之意。其功能是按用户指定的格式,把指定的数据显示到显示器屏幕上。在前面的例题中我们已多次使用过这个函数。printf 函数是一个标准库函数,它的函数原型在头文件 stdio.h 中。但作为一个特例,不要求在使用 printf 函数之前必须包含 stdio.h 文件。printf 函数调用的一般形式为:printf("格式控制字符串",输出表列),其中格式控制字符串用于指定输出格式。格式控制串可由格式字符串和非格式字符串两种组成。格式字符串是以%开头的字符串,在%后面跟有各种格式字符,以说明输出数据的类型、形式、长度、小数位数等。如"%d"表示按整型输出,"%f"表示按单精度类型输出,"%c"表示按字符型输出等。非格式字符串在输出时原样输出,在显示中起提示作用。输出表列中给出了各个输出项,要求格式字符串和各输出项在数量和类型上应该一一对应。

C 语言的数据输入也是由函数语句完成的。scanf 函数称为格式输入函数,即按用户指定的格式从键盘上把数据输入到指定的变量之中。scanf 函数是一个标准库函数,它的函数原型在头文件 stdio.h 中,与 printf 函数相同,C 语言也允许在使用 scanf 函数之前不必包含 stdio.h

文件。scanf 函数的一般形式为：scanf("格式控制字符串",地址表列)；其中,格式控制字符串的作用与 printf 函数相同,但不能显示非格式字符串,也就是不能显示提示字符串。地址表列中给出各变量的地址。地址是由地址运算符"&"后跟变量名组成的。例如,&a、&b 分别表示变量 a 和变量 b 的地址。这个地址就是编译系统在内存中给变量 a 和变量 b 分配的地址。在 C 语言中,使用了地址这个概念,这是与其他语言不同的。应该把变量的值和变量的地址这两个不同的概念区别开来。变量的地址是 C 编译系统分配的,用户不必关心具体的地址是多少。在赋值表达式中给变量赋值,如：a=567 在赋值号左边是变量名,不能写地址;而 scanf 函数在本质上也是给变量赋值,但要求写变量的地址,如 &a。这两者在形式上是不同的。& 是一个取地址运算符;&a 是一个表达式,其功能是求变量的地址。

【示例 4-7】读下列 putchar( ) 和 getchar( ) 函数相关程序,写出其程序运行结果。

```
#include "stdio.h"
int main( )
{
    char    a,b,c;
    int     aa,bb;
    printf("请输入两个字母:\n");            //输入 df 并按下回车键
    a=getchar( );
    b=getchar( );
    c=getchar( );
    putchar(a);
    printf("\n");
    putchar(b);
    printf("\n");
    putchar(c);
    printf("请再输入两个字母:\n");          //输入 df 并按下回车键
    aa=getchar( );
    bb=getchar( );
    printf("%d",a);
    printf("\n");
    printf("%d",b);
    printf("\n");
    putchar(a);
    printf("\n");
    putchar(b);
    printf("\n");
    return 0;
}
```

【分析】

本题目分别定义了字符类型的变量 a、b 和 c,整数类型的变量 aa、bb。然后让用户输入两次值,在本题目中两次都输入了 ab 并进行回车操作。在题目中分别用连续的 getchar( ) 函数进行了字符的输入,并分别用 a、b 和 c 接受三个 getchar( ) 函数的返回值,并对其进行输出。此刻缓冲区中的字符为 d、f 和回车,a 字符变量中保存了 d 字符,b 字符变量中保存

了 f 字符,c 字符变量中保存了回车字符。因此在后续输出中会分别输出 d、f 和回车。在第
二次输入时程序中使用整数变量对输入项
进行了保存,也分别保存了字符 d 和字符
f,即在整数变量 aa 中保存了字符 d、在
整数变量 bb 中保存了字符变量 f。并使
用 printf( ) 函数查看了当输入字符 d 和字
符 f 变量时对应的整数值,其输出为字符
d 和字符 f 对应的 ASCII 码,分别为 100 和
102。需要注意的点:①回车操作也会
被 getchar( ) 函数当作字符进行读取,
②getchar( ) 函数会将读取字符相应的
ASCII 码作为返回值。因此程序输出结构
如图4-8所示。

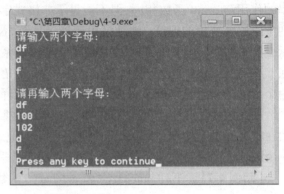

图 4-8   putchar( ) 和 getchar( ) 的应用

【说明】

本题目考察对 getchar( ) 函数和 putchar( ) 函数的理解和应用。getchar( ) 和 putchar( ) 函数
用于字符的输入和输出。getchar( ) 函数用于从缓冲区中读取一个字符,函数的返回值是用户
输入的字符的 ASCII 码,如出错返回-1。putchar( ) 函数用于每次输出一个字符。在本题目中
还用到了 printf( ) 函数,从而比较了与 putchar( ) 函数在输出上的区别与联系。

4. 程序设计题

【示例 4-8】交换两个变量的值。

【分析】

顺序结构的程序设计是最简单的,只要按照解决问题的顺序写出相应的语句就行,
它的执行顺序是自上而下,依次执行。例如, a = 3, b = 5, 现交换 a,b 的值,这个问题就
好像交换两个杯子里面的水,要用到第三个杯子,假如第三个杯子是 c,那么正确的程序为:
c = a; a = b; b = c; 执行结果是 a = 5,b = c = 3,如果改变其顺序,写成: a = b; c = a;
b = c; 则执行结果就变成 a = b = c = 5,不能达到预期的目的,初学者最容易犯这种
错误。

【代码】

```c
#include " stdio. h"
int main( )
{
    int a,b,t;
    printf(" input   two numbers: ");    //提示输入两个值
    scanf("%d%d",&a,& b);                 //输入变量 a 和 b 的值
    printf("a=%d,b=%d\n",a,b);           //输出交换之前变量的值
    t=a;a=b;b=t;                          //交换处理
    printf("a=%d,b=%d\n",a,b);           //输出交换之后变量的值
    return 0;
}
```

运行结果如图 4-9 所示。

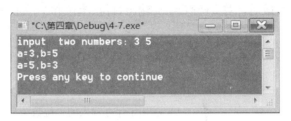

图 4-9　交换两个变量的值

【示例 4-9】给出任一半径,输出圆的面积。操作步骤参照视频 4-1。

【分析】

　　顺序结构可以独立使用构成一个简单的完整程序,常见的输入、计算、输出三步曲的程序就是顺序结构,例如计算圆的面积,其程序的语句顺序就是输入圆的半径 r,计算 s = 3.14159 * r * r,输出圆的面积 s。不过大多数情况下顺序结构都是作为程序的一部分,与其他结构一起构成一个复杂的程序,例如分支结构中的复合语句、循环结构中的循环体等。

视频 4-1

【代码】

```
#include<stdio. h>              //扩展名为 .h 的文件称为头文件
int main( )
{
    double r,s;                 //定义两个双精度类型变量 r 和 s
    printf( " input r:\n" ) ;   //输出提示信息
    scanf( " %lf" ,&r) ;        //接收数据给变量 r
    s = 3. 14 * r * r;          //进行数学运算把面积赋值给变量 s
    printf( " circle of %lf is %lf\n" ,r,s) ;   //输出变量 r,s 的值
    return 0;
}
```

运行结果如图 4-10 所示。

【示例 4-10】输入介于 100 ~ 999 的三位数字,并计算该三位数的百位、十位和个位数值之和。如输入数字 256,最终显示 2+5+6 = 13。

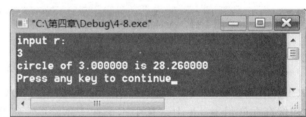

图 4-10　计算圆的面积

【分析】

　　顺序结构的程序一般由输入、处理和输出三个逻辑部分组成,在本题目中首先输入一个介于100 ~ 999 的三位数字,并对该数进行计算和处理得到该数值的百位、十位和个位上的数字,然后对其进行求和运算,最后输出,因此本题属于典型的顺序结构的应用,难度在于计算百位、十位和个位数字时的算法的设计与编码。在此要应用到求余运算和除运算。其分解算法如下,首先将三位数字使用 10 整除和 10 求余的方法分别计算出由三位数的百位和十位数构成的两位数和个位数,其次对第一步骤得到的两位数同样进行 10 整除和求余运算得到三位数的百位数和十位数,然后对上述三个数字进行求和运算。以 256 为例,首先对其进行 10 的整除和求余运算,

256/10＝25,256%10＝6(个位数),其次对 25 进行同样的 10 的整除和求余运算,25/10＝2(百位数),25%10＝5(十位数),最后计算 2+5+6＝13,输出百位、十位和个位上三个数字之和。

【代码】

```
#include "stdio. h"
int main( )
{
    int num;                         //用于保存输入的三位数
        int ge;                      //保存个位数变量
        int shi;                     //保存十位数变量
        int bai;                     //保存百位数变量
        printf("请输入介于 100 和 999 之间的三位数字! \n");
        scanf("%d",&num);
        ge = num%10;
        int temp = num/10;
        shi = temp%10;
        bai = temp/10;
        int result = ge + shi + bai;
        printf("%d",result);
        return 0;
}
```

运行效果如图 4-11 所示。操作步骤参照视频 4-2。

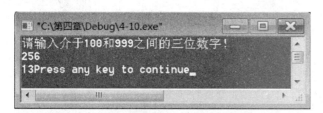

视频 4-2

图 4-11　putchar( )和 getchar( )的应用

【说明】

本题目中共定义了 6 个整数变量,其中 num 为保存输入的数字,ge、shi 和 bai 分别保存个位、十位和百位数字的变量,temp 用于保存从三位数变成二位数时的中间变量,最后将三个数的和保存在变量 result 中。其中难点在于整除(/)和求余运算(%)的使用。

【示例 4-11】编程:已知三角形的三边分别为 a＝6,b＝8,c＝10,求该三角形面积 s。(提示:假设有一个三角形,边长分别为 a、b、c,三角形的面积 s 可由以下公式求得:s＝ sqrt(p(p-a)(p-b)(p-c)),而公式里的 p 为半周长:p＝(a+b+c)/2。

【分析】

本题目也是顺序结构的程序设计计题,已知三个边的值。应该用三个整数类型变量表示,在此分别使用 a、b 和 c,并对其赋值为 a＝6,b＝8,c＝10。首先按照提示内容使用公式 p＝(a+b+c)/2 计算该三角形的周长,其次使用 s＝sqrt(p(p-a)(p-b)(p-c))表达式计算出该三角形的面积。其中注意 sqrt 函数的使用,该函数用于计算平方根,在使用 sqrt 函数之前应当包含 <math. h>头文件。

【代码】

```
#include "stdio. h"
#include "math. h"
int main( )
{
    int a=6;
    int b=8;
    int c=10;
    int p=(a + b +c)/2;
    int s=sqrt(p * (p-a) * (p-b) * (p-c));
    printf("三角形面积为%d\n",s);
    return 0;
}
```

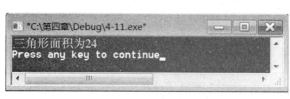

运行结果如图 4-12 所示。

图 4-12　计算三角形周长

【说明】

从程序能看出这也是一种典型的顺序结构的应用,首先保存三个边,然后计算中间变量,即三角形周长,最后通过公式计算出该三角形面积并输出结果。

4.3　习题

一、选择题

1. 以下程序的输出结果是(　　　)。

```
#include <stdio. h>
int main( )
{
    char a='z';
    printf("%c",a-24);
    return 0;
}
```

  A. 0　　　　　　　　　B. 24　　　　　　　　C. b　　　　　　　　　D. a

2. 函数 putchar 的作用是输出一个(　　　)。

  A. 整型变量,浮点型变量　　　　　　　　B. 实型变量

  C. 字符串变量和字符串常量　　　　　　　D. 字符常量或字符变量

3. 关于赋值过程中类型转换叙述错误的是(　　　)。

  A. 实数赋值给整数变量时,小数位不会四舍五入,会直接截断

  B. 整数赋值给实数变量时,整数位不变,小数位补 0

  C. 整型变量赋值给 short 时,只保留 2 个低字节

  D. Double 变量赋值给 float 变量,只保留前面的 7 位有效数字

4. 有以下程序

```
int main( )
```

```
    }
        printf("%d\n",NULL);
    }
```

程序运行后的输出结果是( )。

    A. 0   B. 1   C. -1   D. NULL 没定义,出错

5. 执行下列程序片段时输出结果是( )。

```
    unsigned int a=65535;
    printf("%d",a);
```

    A. 65535   B. -1   C. -32767   D. 1

6. 执行下列程序片段时输出结果是( )。

```
    float x=-1023.012;
    printf("\n%8.3f,",x);
    printf("%10.3f",x);
```

    A. 1023.012,-1023.012   B. -1023.012,-1023.012

    C. 1023.012,-1023.012   D. 1023.012,1023.012

7. 对于下述语句,若将 10 赋给变量 k1 和 k3,将 20 赋给变量 k2 和 k4,则应按( )方式输入数据。

```
    int k1,k2,k3,k4;
    scanf("%d%d",&k1,&k2);
    scanf("%d,%d",&k3,&k4);
```

    A. 1020<回车>   B. 10 20<回车>   C. 10,20 <回车>   D. 10 20<回车>
       10 20<回车>   10 20<回车>   10,20<回车>   10,20<回车>

8. 有定义语句:int x,y; scanf("x=%d,y=%d",&x,&y);若想让 x 值为 11,y 值为 12,下面四组键盘输入正确的是( )。

    A. 11 12<回车>   B. 11,12<回车>

    C. a=11,b=12<回车>   D. x=11,y=12<回车>

9. 阅读以下程序

```
    #include  <stdio.h>
    int main()
    {
    int case  float printF;
    printf("请输入 2 个数:");
    scanf("%d %f",&case,&printF);
    printf("%d %f\n",case,printF);
    return 0;
    }
```

该程序在编译时产生错误,其出错原因是( )。

    A. 定义语句出错,case 是关键字,不能用作用户自定义标识符

    B. 定义语句出错,printF 不能用作用户自定义标识符

C. 定义语句无错,scanf 不能作为输入函数使用

D. 定义语句无错,printf 不能输出 case 的值

10. 有以下程序

```
#include   <stdio. h>
int main( )
{
    int    a=1,b=0;
    printf("%d,",b=a+b);
    printf("%d\n",a=2+b);
    return 0;
}
```

程序运行后的输出结果是(   )。

　　A. 0,0　　　　　　B. 1,0　　　　　C. 3,2　　　　　D. 1,3

二、填空题

1. 有以下程序代码

```
#include "stdio. h"
int main( )
{
    int y=19;
    printf(" * %5o * \n",y);
    printf(" * %-5o * \n",y);
    printf(" * %05o * \n",y);
    printf(" * %#5X * \n",y);
    printf(" * %5X * \n",y);
    printf(" * %05X * \n",y);
    return 0;
}
```

程序的运行结果是_____。

2. 有以下程序代码

```
#include "stdio. h"
int main( )
{
    float a = 1. 2345678f;
    printf(" * %5. 3f * \n",a);
    printf(" * %7. 4f * \n",a);
    printf(" * %-6. 3f * \n",a);
    printf(" * %4. 5f * \n",a);
    printf(" * %. 6f * \n",a);
    return 0;
}
```

程序的运行结果是＿＿＿＿＿。

3. 下列程序

```
#include " stdio. h"
int main( )
{
    float f = 3. 1415927f;
    printf( " %f\n,5. 3%\n,4. 2f\n" ,f,f,f) ;
    return 0;
}
```

程序的运行结果是＿＿＿＿＿。

4. 若有以下程序

```
#include<stdio. h>
int main( )
{
    char a;
    a = ' a '－' A '+' B ';
    printf( " %c\n" ,a) ;
    return 0;
}
```

执行后的输出结果是＿＿＿＿＿。

5. #include<stdio. h>

```
int main( )
{
    int a,b;
    a = 3;
    b = 3. 1;
    printf( " a = %d" ,a,b) ;
    return 0;
}
```

执行后的输出结果是＿＿＿＿＿。

三、程序设计题

1. 写出完整的 C 语言程序,在终端上输出以下结果。

```
**************************
        Hello Word!
**************************
```

2. 将数字 10000 转换成 XX 时 XX 分 XX 秒,并将结果进行输出。

3. 从键盘输入两个 0~127 的整数,求两数的平方差并输出其值。

4. 输入一个华氏温度,要求输出摄氏温度。公式为 $c = 5/9 * (f-32)$。[提示:注意 $c = 5/9 * (f-32)$ 与 $c = 5.0/9.0 * (f-32)$ 的区别]

4.4　习题答案

一、选择题

1. C　　2. D　　3. D　　4. A　　5. A
6. B　　7. D　　8. D　　9. A　　10. D

二、填空题

1.　＊　　23 ＊　　　　2.　＊1.235 ＊　　　3. 3.141593
　　＊23　　＊　　　　　＊ 1.2346 ＊　　　　,5.3
　　＊00023 ＊　　　　＊ 1.235　＊　　　　,4.2f
　　＊ 0X13 ＊　　　　＊ 1.23457 ＊
　　＊　　13 ＊　　　　＊ 1.234568 ＊
　　＊00013 ＊

4. b　　　　5. a＝3

三、程序设计题

1. 程序代码如下：

```
#include<stdio.h>
int main( )
{
    printf(" ************************");
    printf("Hello World!");
    printf(" ************************");
    return 0;
}
```

2. 程序代码如下：

```
# include <stdio.h>
int main( )
{
    int iTotalSecond = 10000;
    int hour = 10000/3600;
    int minute =(10000%3600)/60;
    int second =(10000%3600)%60;
    printf("%d 时 %d 分 %d 秒 \n",hour,minute,second);
    return 0;
}
```

3. 程序代码如下：

```
#include "stdio.h"
int main( )
```

```
{   int a,b;
    printf("请输入两个数:");
    scanf("%d%d",&a,&b);
    printf("%d",a*a-b*b);
    return 0;
}
```

4. 程序代码如下:

```
#include <stdio.h>
int main()
{
    float c,F;
    printf("请输入华氏温度:");
    scanf("%f",F);
    c=5/(9*(F-32));
    printf("对应摄氏温度为%.2f",c);        //取2位小数
    return 0;
}
```

第五章 >>>

分支结构程序设计

5.1 实验目的

1. 掌握 C 语言的关系运算符、逻辑运算符以及它们的表达式。
2. 掌握各种 if 语句的使用方法。
3. 掌握 switch 语句的语法规则及执行过程。
4. 掌握嵌套的选择结构。

5.2 实验内容

【示例 5-1】输入任意一个年份,判断是否是闰年。闰年的条件是符合下面条件之一:
能被 4 整除,但不能被 100 整除;能被 4 整除,又能被 400 整除。

【分析】

(1)输入年份(如:2016);通过 scanf 函数完成。

(2)判断是否为闰年。

判断闰年的表达式:

条件一:

能被 4 整除:year%4 = = 0 　　　　 不能被 100 整除:year%100! = 0

组合:(year%4 = = 0 && year%100! = 0)

条件二:

能被 4 整除:year%4 = = 0 　　　　 能被 400 整除:year%400 = = 0

组合:(year%4 = = 0 && year%400 = = 0)

总条件式:(year%4 = = 0 && year%100! = 0)||(year%4 = = 0 && year%400 = = 0)

(3)若是,输出"2016 是闰年";若不是,则输出"2016 不是闰年"。

【代码】

```
#include "stdio. h"
int main( )
{
    int year;                   //定义输入的变量
    printf( "请输入年份:" );     //提示输入
    scanf( "%d" ,&year);        //输入变量
    if( year%4 = =0&& year%100! =0||year%4 = =0 && year%400 = =0)
                                //判断是闰年的条件
    printf( "%d 是闰年\n " ,year);
```

```
    else
        printf("%d 不是闰年\n",year);
    return 0;
}
```

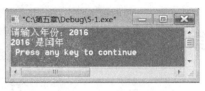

图 5-1　闰年运算

输入年份 2016 后,运行结果如图 5-1 所示。

【示例 5-2】已知三个数 a,b,c,找出最大值放于 max 中。操作步骤参照视频 5-1。

【分析】

视频 5-1

由已知可得在变量定义时定义四个变量 a、b、c 和 max,a、b、c 是任意输入的三个数,max 是用来存放结果最大值的。第一次比较 a 和 b,把大数存入 max 中,因 a、b 都可能是大值,所以用 if 语句中 if-else 形式。第二次比较 max 和 c,把最大数存入 max 中,用 if 语句的第一种形式 if 形式。Max 即为 a、b、c 中的最大值。

【代码】

```
#include "stdio.h"
intmain()
{
    int a,b,c,max;                          //定义四个整型变量
    scanf("a=%d,b=%d,c=%d",&a,&b,&c);       //输入三个整型变量
    if(a>=b)                                //如果变量 a 大于等于变量 b
        max=a;                              //a>=b
    else
        max=b;                              //a<b
    if(c>max)
        max=c;                              //c 是最大值
    printf("max=%d",max);
    return 0;
}
```

输入三个数 2、5 和 9 后,运行结果如图 5-2 所示。

【示例 5-3】输入三角形的三边长,判断这个三角形是否是直角三角形。

【分析】

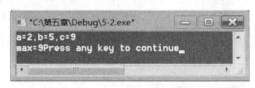

图 5-2　计算最大值

直角三角形斜边最长,要先找出三边中最长的边,判断最长边的平方是否等于其余两边的平方和,若相等就是直角三角形。

【代码】

```
#include <stdio.h>
intmain(void)
{
    int a,b,c,t;            //三边设为 a,b,c,t 是用于交换的中间变量
    scanf("%d,%d,%d",&a,&b,&c);
```

```
if( a<b )
{                               //a 中放 a,b 中较长边
    t=a ; a=b ; b=t ;
}
if( a<c )
{                               // a 中放 a,b,c 中的最长边
    t=a ; a=c ; c=t ;
}
if( a * a= =b * b+c * c )
    printf( " Y " ) ;
else
    printf( " N " ) ;
return 0;
}
```

【示例 5-4】输入某学生的成绩,经处理后给出学生的等级,等级分类如下。操作步骤参照视频 5-2。

90 分以上(包括 90): A

80 至 90 分(包括 80):B

70 至 80 分(包括 70):C

60 至 70 分(包括 60):D

60 分以下: E

视频 5-2

【分析】

由题意知如果某学生成绩大于等于 90 分,等级为 A;否则,如果成绩大于等于 80 分,等级为 B;否则,如果成绩大于等于 70 分,等级为 C;否则,如果成绩大于等于 60 分,等级为 D;否则,如果成绩小于 60 分,等级为 E。但当我们输入成绩时也可能输错,出现小于 0 或大于 100 的分数,这时也要做处理,输出错误信息。因此,需要使用 if 嵌套来判断输入的成绩区间。

【代码】

```c
#include" stdio. h"
int main( void )
{
    float    score;
    char    grade;
    printf( " please input a student score: \n " );//提示输入学生的成绩
    scanf( " %f ",&score ) ;                //输入学生的成绩
    if( score>100 | | score<0 )             //如果学生的成绩大于 100 或者小于 0,提示输入错误
        printf( " input error! \n " ) ;
    else
        { if( score>=90 )
            grade=' A ';
        else
            { if( score>=80 )
                grade=' B ';
```

```
            else
                    {if( score> = 70)
                       grade = ' C ';
                    else
                            {if( score> = 60)
                                grade = ' D ';
                             else grade = ' E ';
                            }
                    }
            }
        printf( "the student grade:%c\n " ,grade);
    }
    return 0;
}
```

输入分数:86,运行结果如图 5-3 所示。

【说明】

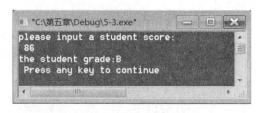

图 5-3 成绩分类计算

本例中用了 if 语句的嵌套结构。采用嵌套结构实质上是为了进行多分支选择,当 if 语句中的执行语句又是 if 语句时,则构成了 if 语句嵌套的情形。其一般形式可表示如下:

if(表达式)
    语句 1;
else if(表达式)
    语句 2;
else
    语句 3;

嵌套的 if 语句内可能又是 if-else 型的,这将会出现多个 if 和多个 else 重叠的情况,这时要特别注意 if 和 else 的配对问题。例如:

if(表达式 1)
if(表达式 2)
语句 1;
else
语句 2;

其中的 else 究竟是与哪一个 if 配对呢?

应该理解为: 还是应理解为:
if(表达式 1)   if(表达式 1)
  if(表达式 2)   if(表达式 2)
    语句 1;   语句 1;
else   else
    语句 2;   语句 2;

为了避免这种二义性,C 语言规定,else 总是与它前面最近的并且没有与其他 else 匹配过的 if 配对。

【示例 5-5】用 switch 语句实现,输入数字 1~7,输出对应的英文单词 Monday,Tuesday,…,Sunday。

【分析】

本程序要求输入一个数字,输出一个英文单词。C 语言提供了另一种用于多分支选择的 switch 语句,其一般形式为:

```
switch(表达式){
    case 常量表达式 1: 语句 1;
    case 常量表达式 2: 语句 2;
    …
    case 常量表达式 n: 语句 n;
    default :语句 n+1;
}
```

其语义是:先计算表达式的值,然后逐个与 case 后的常量表达式值相比较,当表达式的值与某个常量表达式的值相等时,则执行其后的语句,然后不再进行判断,继续执行后面所有 case 后的语句。如表达式的值与所有 case 后的常量表达式均不相同时,则执行 default 后的语句。在 switch 语句中,"case 常量表达式"只相当于一个语句标号,表达式的值和某标号相等则转向该标号执行,但不能在执行完该标号的语句后自动跳出整个 switch 语句,所以出现了继续执行所有后面 case 语句的情况。这是与前面介绍的 if 语句完全不同的,应特别注意。为了避免上述情况,C 语言还提供了一种 break 语句,专用于跳出 switch 语句,break 语句只有关键字 break,没有参数。

【代码】

```
#include <stdio.h>
intmain()
{
    int a;                          //定义整型变量 a,用于表示输入的数字
    printf("input integer number: ");  //提示输入
    scanf("%d",&a);                 //输入整型变量 a 的值
    switch(a)                       //switch 语句体
    {
        case 1:printf("Monday\n");break;
        case 2:printf("Tuesday\n"); break;
        case 3:printf("Wednesday\n");break;
        case 4:printf("Thursday\n");break;
        case 5:printf("Friday\n");break;
        case 6:printf("Saturday\n");break;
        case 7:printf("Sunday\n");break;
        default:printf("error\n");
    }
    return 0;
}
```

输入数字 3,运行结果如图 5-4 所示。

【说明】

在使用 switch 语句时还应注意以下几点：

（1）在 case 后的各常量表达式的值不能相同,否则会出现错误。

（2）在 case 后,允许有多个语句,可以不用"｛｝"括起来。

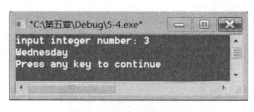

图 5-4 case 语句应用

（3）各 case 和 default 子句的先后顺序可以变动,而不会影响程序执行结果。

（4）default 子句可以省略不用。

【示例 5-6】编程实现:输入一个不多于 5 位的正整数,要求:

（1）输出它是几位数。

（2）分别输出每一位数字。

（3）按逆序输出各位数字,如原数为 321,则应输出 123。

应准备以下测试数据:

（1）要处理的数为 1 位正整数。

（2）要处理的数为 2 位正整数。

（3）要处理的数为 3 位正整数。

（4）要处理的数为 4 位正整数。

（5）要处理的数为 5 位正整数。

除此之外,程序还应当对不合法的输入作必要的处理。例如:输入负数;输入的数超过 5 位。

【分析】

main 函数结构如下:

定义 long 型变量 num,int 型变量 c_1,c_2,c_3,c_4,c_5

输入一个不超过 5 位的正整数赋给 num

if   num>99999

输出:输入的数超过 5 位

else if   num<0

输出:输入的数是一个负数

else

｛

求得 num 的各位数分别赋给 c_1,c_2,c_3,c_4,c_5

$c_1 = num/10000;$

$c_2 = (num-c_1 * 10000)/1000;$

$c_3 = (num/100)\%10;$

$c_4 = (num/10)\%10;$

$c_5 = num\%10;$

if(c1>0)

```
        ｛printf("\n%ld 是一个 5 位数\n",num);
         printf("其各位分别为:%1d,%1d,%1d,%1d,%1d\n",c1,c2,c3,c4,c5);
         printf("逆序输出为:%1d%1d%1d%1d%1d\n",c5,c4,c3,c2,c1);
        ｝
    else if(c2>0)是 4 位数,输出其各位,格式与 5 位数类似
    else if(c3>0)是 3 位数,输出其各位,格式与 5 位数类似
    else if(c4>0)是 2 位数,输出其各位,格式与 5 位数类似
    else if(c5>0)是 1 位数,输出其各位,格式与 5 位数类似
｝
```

【代码】

```c
#include<stdio. h>
#include<math. h>
intmain( )
｛
  long int num;
  int a,b,c,d,e,place;
  printf("please input a number(0-99999):%d\n");
  scanf("%ld",&num);
  if(num>=10000)
    place=5;
  else if(num>=1000)
    place=4;
  else if(num>=100)
    place=3;
  else if(num>=10)
    place=2;
  else
    place=1;
  printf("输入数的位数是:%d\n",place);
  printf("每位数字为:");
  e=num/10000;
  d=(int)(num-e*10000)/1000;
  c=(int)(num-e*10000-d*1000)/100;
  b=(int)(num-e*10000-d*1000-c*100)/10;
  a=(int)(num-e*10000-d*1000-c*100-b*10);
  switch(place)｛
    case 5:printf("%d,%d,%d,%d,%d",e,d,c,b,a);
    printf("\n 反序数字为:");
    printf("%d,%d,%d,%d,%d\n",a,b,c,d,e);
    break;
    case 4:printf("%d,%d,%d,%d",d,c,b,a);
    printf("\n 反序数字为:");
    printf("%d,%d,%d,%d\n",a,b,c,d);
```

```
        break;
        case 3:printf("%d,%d,%d",c,b,a);
        printf("\n 反序数字为:");
        printf("%d,%d,%d\n",a,b,c);
        break;
        case 2:printf("%d,%d",b,a);
        printf("\n 反序数字为:");
        printf("%d,%d\n",a,b);
        break;
        case 1:printf("%d",a);
        printf("\n 反序数字为:");
        printf("%d\n",a);
        break;
        }
    return 0;
}
```

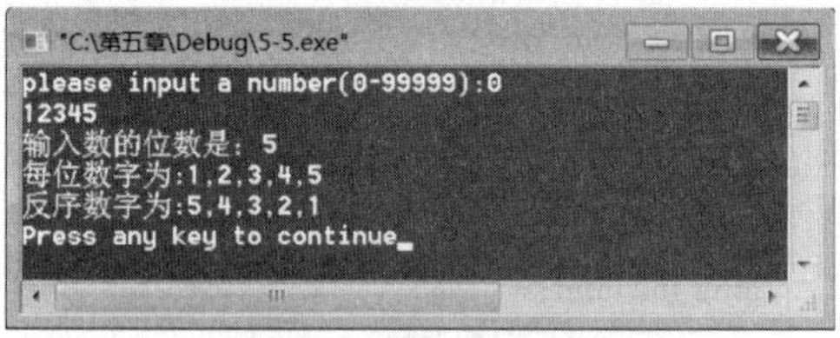

输入数字 12345,运行结果为如图 5-5 所示。

【示例 5-7】分段函数的计算。编写一个程序,计算下列函数:

图 5-5　数字分解运用

$$y = \begin{cases} x & x < 1 \\ 2x - 1 & 1 \leq x < 10 \\ 3x - 11 & x \geq 10 \end{cases}$$

【分析】

该函数包括三个分支,因此在编写选择结构时使用三个分支结构,分别为 当 x 小于 1 时,当 x 大于等于 1 小于 10 时和当 x 大于等于 10 时三种情况。

【代码】

```
#include"stdio.h"
intmain()
{
    float x,y;
    printf("请输入 x:\n");
    scanf("%f",&x);
    printf("输入 x=:%f\n",x);
    if(x<1)
        {
        y=x;
        printf("y=%f\n",y);
        }else if(x>=1&&x<10){
        y=2*x-1;
        printf("y=%f\n",y);
        }
        else{
```

```
        y=3*x-11;
        printf("y=%f\n",y);
    }
    return 0;
}
```

当 x 输入 6 时,运行结果如图 5-6 所示。

【说明】

本题目主要考核点在将问题分为三个分支结构,并将表达式转换为 C 语言语句。

【示例 5-8】编写一个程序,其功能为:从键盘输入三个数 a、b、c,判断 a+b=c 是否成立,若成立输出"a+b=c"的信息,否则输出"a+b！=c"的信息。

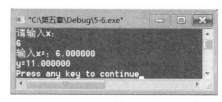

图 5-6　分段函数的计算

【分析】

该程序中首先将 a、b 和 c 进行保存,并且对其进行判断,是否满足 a+b=c 的条件,因此该题目为双分支结构。

【代码】

```
#include "stdio. h"
int main( )
{
    float a,b,c;
    printf("请输入 a,b,c:\n");
    scanf("%f%f%f",&a,&b,&c);
    if(a+b==c)
        printf("a+b=c\n");
    else
        printf("a+b！=c\n");
    return 0;
}
```

输入 a、b 和 c 为 1、2 和 3 时,运行结果如图 5-7 所示。

【示例 5-9】某产品生产成本 $c=c1+mc2$,其中 c1 为固定成本,c2 为单位产品可变成本。当生产数量 m<10000 时,c1=20000 元,c2=10 元;当生产数量 m≥10000 时,c1=40000 元,c2=5元。编写一个程序,其功能为:输入任意数量时,显示总成本及单位生产成本。

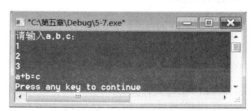

图 5-7　分支语句运用

【分析】

将题目中的描述,使用 C 语言中的语句和表达式进行表示。

【代码】

```
#include"stdio. h"
```

```
intmain( )
{
    int m,c1,c2,c;
    printf("请输入生产数量:\n");
    scanf("%d",&m);
    if(m<10000)
    {
        c1 = 20000;
        c2 = 10;
    }else{
        c1 = 40000;
        c2 = 5;
    }
    c = c1+m * c2;
    printf("生产数量 = %d\n",m);
    printf("总成本 = %d\n",c);
    printf("单位生产成本 = %d\n",m * c2);
    return 0;
}
```

输入数量为 20000 时,运行结果如图 5-8 所示。

【示例 5-10】编程设计一个简单的计算器程序,要求根据用户从键盘输入的表达式:

操作数 1　运算符 op　操作数 2

计算表达式的值,指定的运算符为加(+)、减(-)、乘(*)、除(/)。

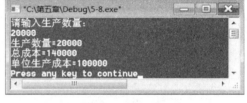

图 5-8　成本计算题

【分析】

从终端输入三个值,分别为两个操作数加上一个运算符。在程序中通过运算符来确定如何进行运算,且输入的运算符的值固定,因此使用 switch 表达式进行设计。

【代码】

```
#include<stdio. h>
int main( )
{
    float x,y,z;
    char op;
    printf("请输入表达式:");
    scanf("%f%c%f",&x,&op,&y);
    switch(op)
    {
        case '+':z = x+y;break;
        case '-':z = x-y;break;
        case ' * ':z = x * y;break;
```

```
case '/':
{if( y! =0)
    z=x/y;
else printf("除数为 0");
}
break;
}
printf("%f%c%f=%f\n",x,op,y,z);
return 0;
}
```

当输入表达式 2.3+3.5 时,运行结果如图 5-9所示。

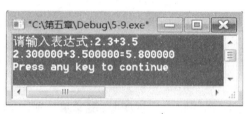

图 5-9　计算器程序设计

【说明】

本题目中第一要注意的是输入格式的运用,必须跟 scanf("%f%c%f",&x,&op,&y);函数一致,输入时采用"%f%c%f"模式,即:操作数 1 运算符操作数 2,其中没有其他任何符号。第二要注意的是在 switch 语句中 break 的运用。

5.3　习题

一、选择题

1. 在 C 语言中,逻辑判断中的"真"表示(　　)。
   A. ture　　　　　B. >0 的数　　　　　C. <0 的数　　　　　D. 非 0 数

2. 有语句"int a=5,b=4,c=−1;d=1"那么逻辑表达式"a>3&&b&&c<0&&d>0"的值为(　　)。
   A. 1　　　　　B. 0　　　　　C. −1　　　　　D. 出错

3. 如果 c1 为字符类型的变量,那么如何表示 c1 变量为小写字母(　　)。
   A. 'a'<=c1<='z'　　　　　B. (c1>='a')&(c1<='z')
   C. ('a'<=c1)AND('z'>=c1)　　　　　D. (c1>='a')&&(c1<='z')

4. 设 b 为整型变量,不能正确表达数学关系:11<b<15 的 C 语言表达式是(　　)。
   A. 11<a<15　　　　　B. a==12 || a==13 || a==14
   C. a>11 && a<15　　　　　D. ! (a<=11)&& ! (a>=15)

5. 为了避免嵌套的 if−else 语句的二义性,C 语言规定 else 总是与(　　)组成配对关系。
   A. 缩排位置相同的 if　　　　　B. 在其之前未配对的 if
   C. 在其之前未配对的最近的 if　　　　　D. 同一行上的 if

6. 已知 int a=1,b=2,c=3,则执行
   ```
   if(a>b)
       c=a;a=b;b=c;
   ```

语句后,a、b、c 的值是(　　)。

  A. a＝1,b＝2,c＝3 　　　　　　 B. a＝2,b＝3,c＝3

  C. a＝2,b＝3,c＝1 　　　　　　 D. a＝2,b＝3,c＝2

7. 执行下面程序的输出结果是(　　)。

```
#include <stdio. h>
int main( )
{
    int x＝7,y＝8,z＝9;
    if(x＝y+z)printf("＊＊＊＊\n");
    else   printf("####\n");
    return 0;
}
```

  A. 有语法错误不能编译 　　　　 B. 能通过编译,但不能通过连接

  C. 输出 ＊＊＊＊ 　　　　　　　　 D. 输出 ####

8. 若运行下面程序时,给变量 x 输入 25,则输出结果是(　　)。

```
#include <stdio. h>
int main( )
{
    int x,y;
    scanf("%d",&x);
    y＝x>5? x+10:x-10;
    printf("%d\n",y);
    return 0;
}
```

  A. 15 　　　　 B. 35 　　　　　　 C. 25 　　　　　 D. 20

9. 以下非法的赋值语句是(　　)。

  A. n＝(i＝2,++i); 　　　　　　 B. j++;

  C. ++(i+1); 　　　　　　　　 D. x＝j>0;

10. 已有定义:int x＝3,y＝4,z＝5;,则表达式!(x+y)+z-1 && y+z/2 的值是(　　)。

  A. 6 　　　　 B. 0 　　　　　　 C. 2 　　　　　 D. 1

二、程序设计题

1. 用 if 语句编程实现输入三角形的三个边长,判断三边长是否能构成一个三角形,若能,则计算出三角形的面积,若不能,则输出信息告诉用户输入的三边长不能构成三角形。

2. 用 switch 语句编程实现一个简单的计算器程序,输入两个数和一个运算符(设只有 4 个运算符+、-、＊、/),根据输入的运算符进行运算,并输出结果。

3. 任意输入一个成绩,给出评语:

90～100:优秀;　　 80～89:良好;　　 60～79:及格;　　 0～59:不及格。

4. 输入年份和月份,求该月有多少天。

(提示:要考虑大月有 31 天,小月有 30 天,闰年的二月有 29 天以及非闰年的二月有 28 天

这几种情况。)

5. 输入一个三位数,若此数是水仙花数输出"Y",否则输出"N",若输入值不是三位数输出"data error"。(提示:水仙花数是一个三位数,组成这个三位数的三个数字的立方和与这个三位数相等。如:$153=1^3+5^3+3^3$。判断是否是水仙花数需把构成三位数的三个数字分离出来并存入变量)

6. 编程实现:输入一个整数,判断它是否能被 3,5,7 整除,并输出以下信息之一:

(1)能同时被 3,5,7 整除。

(2)能被其中两数(要指出哪两个)整除。

(3)能被其中一个数(要指出哪一个)整除。

(4)不能被 3,5,7 任一个整除。

5.4　习题答案

一、选择题

1. D	2. A	3. D	4. A	5. C
6. B	7. C	8. B	9. C	10. D

二、程序设计题

1. 程序代码如下:

```c
#include <stdio. h>
#include <math. h>
int main( )
{
    float a,b,c,p,area;
    printf("请输入三个数:");
    scanf("%f%f%f",&a,&b,&c);
    p=(a+b+c)/2;
    if(a+b>c && a+c>b && b+c>a)
    {
        area=sqrt(p*(p-a)*(p-b)*(p-c));
        printf("以%f,%f,%f 构成的三角形的面积为:%f\n",a,b,c,area);
    }
    else
        printf("%f,%f,%f 不能构造三角形\n",a,b,c);
    printf("\n");
    return 0;
}
```

2. 程序代码如下:

```c
#include <stdio. h>
int main( )
{
```

```
    int a,b;      char ch;
    printf("请输入两个整数和运算符\n");
    scanf("%d%c%d",&a,&ch,&b);
    switch(ch)
     {
       case '+':printf("a+b=%d\n",a+b);break;
       case '-':printf("a-b=%d\n",a-b);break;
       case '*':printf("a*b=%d\n",a*b);break;
       case '/':printf("a/b=%d\n",a/b);break;
       default:printf("输入运算符错误");
     }
    return 0;
}
```

3. 程序代码如下:

```
#include "stdio.h"
int main(){
    char *lev[11]={"不及格","不及格","不及格","不及格","不及格",
                   "不及格","及格","及格","良好","优秀","优秀"},sco;
    while(1){
        printf("Please enter the scores(int 0~100)...\n");
        if(scanf("%d",&sco)&& sco>=0 && sco<=100)
          break;
        fflush(stdin);
        printf("Error,redo: ");
    }
    printf("%d <--> %s\n",sco,lev[sco/10]);
    return 0;
}
```

4. 程序代码如下:

```
#include<stdio.h>
int main()
{int year,month,day;
printf(" 请输入一个年份和月份:\n");
scanf("%d,%d",&year,&month);
switch(month)
{
    case 1: day=31;break;
    case 2: day=28;break;
    case 3: day=31;break;
    case 4: day=30;break;
    case 5: day=31;break;
    case 6: day=30;break;
    case 7: day=31;break;
```

```
        case 8：day=31;break;
        case 9：day=30;break;
        case 10：day=31;break;
        case 11：day=30;break;
        case 12：day=31;break;
    }
    if((year%4==0&&year%100!=0||year%400==0)&&month==2)    day=29;
    printf("该月份有%d 天\n",day);
    return 0;
}
```

5. 程序代码如下：

```
#include <stdio. h>
int main( )
{
    int i,j,k,in;
    scanf("%d",&in);
    if(in%100==0)
    {
        printf("data error\n");
        return 0;
    }
    i=in%10;
    j=(in/10)%10;
    k=in/100;
    if(i*i*i+j*j*j+k*k*k==in)
    {
        printf("Y\n");
        return 0;
    }
    else
    {
        printf("N\n");
        return 0;
    }
}
```

6. 程序代码如下：

```
int main( )
{
    int n;
    printf("input number for test：\n");
    scanf("%d",&n);
    if(n%3==0&&n%5==0&&n%7==0)
    printf("此数能被 3、5、7 同时整除！\n");
```

```
    else if( n%3= =0&&n%5= =0)
    printf(" 此数能被 3、5 同时整除！\n");
    else if( n%3= =0&&n%7= =0)
    printf(" 此数能被 3、7 同时整除！\n");
    else if( n%5= =0&&n%7= =0);
    printf(" 此数能被 5、7 同时整除！\n");
    else printf(" 此数不能被 3、5、7 任何一个数整除！\n");
    return 0;
}
```

第六章 >>>>

循环结构程序设计

6.1 实验目的

1. 学会应用循环结构编程,掌握循环语句 for、while 和 do-while 的使用。
2. 了解 break 和 continue 的功能,并能熟练的进行应用。
3. 掌握三种循环语句的嵌套使用并能解决实际问题。
4. 在一个循环体内,完整的包含了另一个循环,称为循环嵌套,循环的嵌套可以是多层,但每一层循环在逻辑上必须是完整的。内循环语句应该比外循环语句有规律的向右缩进 2~4 列。

6.2 实验内容

【示例 6-1】假设从今天开始,第 1 天为"希望工程"存入 1 元钱,第 2 天存入 2 元钱,第 3 天存入 3 元钱,问 10 天后将为"希望工程"存入多少钱?

【分析】

（1）用变量 sum 作为累加器,存放和。

（2）用变量 i 表示累加变量,分别存放第 1 天的 1 元钱,第 2 天的 2 元钱,…,第 10 天的 10 元钱。

（3）当 i<=10 时,执行 sum=sum+i;（等价于 sum+=i;）。

（4）当 i 的值超过 10 的时候,不再执行 sum=sum+i;输出 sum 的值。

【代码】

```
#include <stdio. h>
int main( )
{
    int i,sum=0;
    for(i=1;i<=10;i++)
        sum=sum+i;
    printf("sum=%d\n",sum);
    return 0;
}
```

运行结果如图 6-1 所示。

【说明】

第一步:执行 i=1。

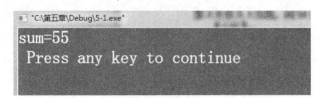

图 6-1　for 循环求和输出图

第二步:判断 i<=10。

第三步:当为真则执行 sum=sum+i。

第四步:执行 i++,使循环变量 i 的值加 1。

第五步:回到第二步如果为真,则重复执行 3、4 两个步骤。如果条件为假则跳出循环,执行语句 printf("sum=%d\n",sum)。

这个循环体内只有一条语句:sum=sum+i。printf("sum=%d\n",sum)不是循环语句而是循环语句的下一条语句。

for 语句是 C 语言中最常用的循环结构。一般形式为:

    for(表达式 1;表达式 2;表达式 3)
        语句;

执行过程如下:

(1)计算表达式 1。

(2)计算表达式 2,如果为真(true),则执行 for 的循环体语句;如为假(false),则跳出循环体。

(3)如果表达式 2 成立,在执行完循环体语句后,则计算表达式 3 的值,然后转回步骤(2),进入下一轮的循环判断。

最常用的形式是:

    for(循环变量赋初值;判断条件;循环变量增值)
        循环体语句;

附:用 while 和 do-while 求解上例的代码。

方法一(while 结构):

```c
#include<stdio.h>
int main( )
{
    int    sum=0,i=1;
    while    (i<=10)
    {
        sum=sum+i;
        i++;
    }
    printf("sum is %d\n",sum);
    return 0;
}
```

方法二(do-while 结构)：

```c
#include<stdio. h>
int main( )
{
    int    sum = 0,i = 0;
    do
    {
        sum = sum+i;
        i++;
    }
    while(i< = 10);
    printf("sum is %d\n",sum);
    return 0;
}
```

【示例 6-2】用 while 循环求 1~100 的奇数之和,偶数之积。

【分析】

(1)用变量 sum 存放奇数之和,用变量 mul 存放偶数之积。

(2)用变量 i 表示累加变量,分别存放 1,2,3,…,100。

(3)当 i< = 100 时,若 i 是奇数,则执行语句:sum = sum+i; ,若 i 是偶数,则执行语句:mul = mul * i;。

(4)当 i 的值超过 100 的时候,不再执行求和和求积操作,输出 sum 和 mul 的值。

【代码】

```c
#include<stdio. h>
int main( )
{
    double    mul = 1;              //定义并初始化双精度类型变量 mul
    int i = 1,sum = 0;             //定义并初始化整型变量 i,sum
    while   (i< = 100)            //当 i 小于等于 100 时
    {
        if(i%2! = 0)
            sum = sum+i;           //判断 i 是否能被 2 整除
        else
            mul = mul * i;         //如果是奇数求和,如果是偶数求积
        i++;                      //循环变量加 1
    }
    printf("sum = %d\n",sum);
    printf("mul = %lf\n",mul);    //输出 sum,mul
    return 0;
}
```

运行结果如图 6-2 所示。

【说明】

while 语句用来实现"当型"循环结构,就是当满足某个条件时进行循环。形式为：

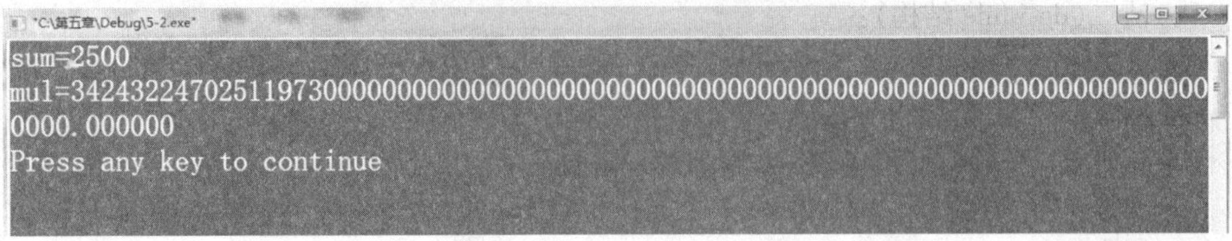

图 6-2　while 循环求和输出图

```
while(表达式)
    循环体语句;
```

当表达式为 true(非 0 值)时反复执行后面的语句。特点是先判断,后执行。一般来说,while 中的语句是复合语句,用{ }括起来,叫做循环体。

do-while 语句用来实现"直到型"循环,就是进行循环直到某个条件不满足。形式为:

```
do
    循环体语句;
while(表达式);
```

当表达式为 true(非 0 值)时反复执行 do 后面的语句,特点是先执行,后判断(注意区分与 while 语句的区别)。

while 语句和 do-while 语句可以很容易地实现互相转换。一般情况下,如果 while 语句和 do-while 语句的循环体部分一样,则它们的运行结果也是一样的。但是,如果判断条件一开始就不满足,则运行结果不一样,因为此时 while 语句不执行循环体,而 do-while 语句要执行一次。

【示例 6-3】把输入的一行字符原样输出,若是大写字母需要转换成小写。

【分析】

(1)通过键盘接收一个字符。

(2)判断该字符是否为回车符;是转到第 4 步,不是转到第 3 步。

(3)判断接收的字符是否为大写字母,是转换为小写字母并输出,不是则直接输出,程序转回到第 1 步。

(4)程序结束。

【代码】

```c
#include<stdio.h>
int main()
{
    char ch;                          //定义一个字符型变量 ch
    while((ch=getchar())!='\n')       //当输入字符不是回车符时执行循环
    {
        if(ch>='A'&&ch<='Z')          //如果输入的字符为大写字母
            ch=ch+32;                 //通过 ASCII 码加 32 转化为小写字母
        putchar(ch);                  //输出字符
    }
    return 0;
}
```

输入字母 heLLo,运行结果如图
6-3所示。

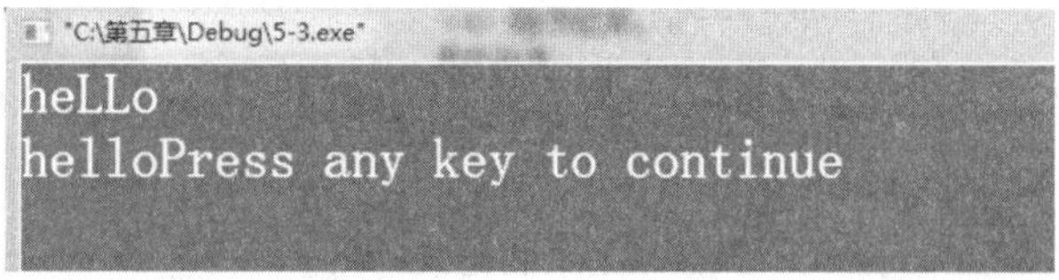

【说明】

putchar 函数是字符输出函数,其
功能是在显示器上输出单个字符。其
一般形式为:putchar(字符变量)。

例如:

图 6-3　大小写转换输出图

putchar('A');输出大写字母 A。

putchar(x);输出字符变量 x 的值。

putchar('\n');换行,对控制字符则执行控制功能,不在屏幕上显示。使用本函数前必须
要用文件包含命令 stdio. h。

getchar 函数是键盘输入函数,功能是从键盘上输入一个字符。其一般形式为:getchar();
通常把输入的字符赋予一个字符变量,构成赋值语句。

使用 getchar 函数还应注意以下两个问题:

(1)getchar 函数只能接受单个字符,输入数字也按字符处理。输入多于一个字符时,只接
收第一个字符。

(2)使用本函数前必须包含文件"stdio. h"。

【示例 6-4】 水仙花数。

(1)水仙花数的判断。

所谓"水仙花数"是指一个三位数,其各位数字立方和等于该数本身。例如:153 是一个
"水仙花数",因为 $153 = 1^3 + 5^3 + 3^3$。

要求当从键盘输入一个整数时,能够判断该数是否为水仙花数,如果是,则输出"该数为
水仙花数";如果不是,则输出"该数不是水仙花数"。

【分析】

用整型变量 num 表示要判断的数。那么,如何表示该数的百位数、十位数、个位数呢?

假设用 bai 表示百位数,用 shi 表示十位数,用 ge 表示个位数。

bai = num/100;

shi = num/10%10;

ge = num%10;

判断 num 是否为水仙花数可以用 if 语句来实现,如下:

if(num = = bai * bai * bai+shi * shi * shi+ge * ge * ge)printf("该数是否为水仙花数!");

【代码】

```
#include<stdio. h>
int main()
{
    int num,bai,shi,ge;
    printf("请输入一个三位数:");
    scanf("%d",&num);
    bai = num/100;
  shi = num/10%10;
```

```
        ge = num%10;
        if( num = = bai * bai * bai+shi * shi * shi+ge * ge * ge)
            printf("该数是否为水仙花数!");
        else
            printf("该数不是水仙花数!");
        return 0;
}
```

【思考】

你觉得以上程序判断功能完善吗? 能够准确的判断出任一整数是否为水仙花数吗? 如果不能,该如何完善程序的判断功能呢? 需要提醒的是,水仙花数是针对三位数而言的。

(2)水仙花数(输出所有的水仙花数)。

上面案例中是判断输入的整数是否为水仙花数。下面要求编程输出所有的水仙花数。

【分析】

因为水仙花数限于三位数,也就是需要从 100~999,依次判断这些数是否为水仙花数,如果是,就将这个数输出,如果不是,就不输出。

用 bai 表示百位数,用 shi 表示十位数,用 ge 表示个位数。

下面我们从 100 开始判断:

①如果 100 是水仙花数,就输出来,如果不是,就不输出来。程序如下:

```
#include<stdio. h>
int main( )
{
        int num,bai,shi ,ge;
        num = 100;
        bai = num/100;
        shi = num/10%10;
        ge = num%10;
        if( num = = bai * bai * bai+shi * shi * shi+ge * ge * ge)
            printf("%d",num);
        return 0;
}
```

②如果 101 是水仙花数,就输出来,如果不是,就不输出来。程序如下:

```
#include<stdio. h>
int main( )
{
        int num,bai,shi ,ge;
        num = 101;
        bai = num/100;
        shi = num/10%10;
        ge = num%10;
        if( num = = bai * bai * bai+shi * shi * shi+ge * ge * ge)
            printf("%d",num);
        return 0;
}
```

③如果 102 是水仙花数，就输出来，如果不是，就不输出来。程序如下：

```
#include<stdio.h>
int main( )
{
        int num,bai,shi ,ge;
        num=102;
        bai=num/100;
        shi=num/10%10;
        ge=num%10;
        if( num==bai * bai * bai+shi * shi * shi+ge * ge * ge)
                printf( " %d" ,num) ;
        return 0;
}
…
…
```

如果 999 是水仙花数，就输出来，如果不是，就不输出来。程序如下：

```
#include<stdio.h>
int main( )
{
         int num,bai,shi ,ge;
        num=999;
        bai=num/100;
        shi=num/10%10;
        ge=num%10;
        if( num==bai * bai * bai+shi * shi * shi+ge * ge * ge)
                printf( " %d" ,num) ;
        return 0;
}
```

【说明】

上述程序如果重复书写 900 遍，将要花费很多时间。但是通过仔细观看上面的程序可以发现一个细节：其实上面的几个程序中整个结构都是一样的，唯一的区别是数字从 100 到 101、102、103，…999。

C 语言中是否可以有比较简便的方法来表现这种重复的结构呢？

C 语言中的循环结构编程可以解决这一问题。

在这个程序中，重复执行的部分程序段是：

```
bai=num/100;
shi=num/10%10;
ge=num%10;
if( num==bai * bai * bai+shi * shi * shi+ge * ge * ge)printf( " %d" ,num) ;
```

这一段称为循环体，就是程序每次重复执行的部分。

num 的初始值为 100，然后依次变化到 101、102、103，…999，num 既是被判断的对象，同时

num 的另外一个作用用来控制循环执行的次数,所以 num 可以被称之为循环控制变量。num<=999是循环执行的条件。

所以这个问题用 while 结构实现如下:

【代码】

```
#include<stdio. h>
int main( )
{
    int num,bai,shi ,ge;
    num=100;                    //给 num 赋初识值
    while(num<=999)             //循环的条件
    {
        bai=num/100;            //以下 4 行语句为循环体
        shi=num/10%10;
        ge=num%10;
        if( num = = bai * bai * bai+shi * shi * shi+ge * ge * ge)
            printf( "%5d",num);
        num++;
    }
    return 0;
}
```

如果用 for 语句实现,可以表示如下:

```
#include<stdio. h>
int main( )
{
    int num,bai,shi,ge;
    for( num=100;num<=999;num++)
    {
        bai=num/100;
        shi=num/10%10;
        ge=num%10;
        if( num = = bai * bai * bai+shi * shi * shi+ge * ge * ge)
            printf( "%5d",num);
    }
    return 0;
}
```

运行结果如图 6-4 所示。

【思考】

在上面这个程序中,循环体部分的4 个语句用大括号括起来了。如果去掉大括号,程序会有一个什么样的结果呢? 为什么会出现这种情况?

```
153   370   371   407Press any key to continue
```

图 6-4　水仙花数输出图

【示例 6-5】完数。一个数如果恰好等于它的因子之和,这个数就称为"完数"。例如 6 = 1+2+3。6 就是一个完数。

要求当从键盘输入一个数后,判断该数是否为完数。如果是,输出"该数为完数",否则,输出"该数不是完数"。

【分析】

如果要判断一个数 num 是否为完数,首先要求出 num 的因子之和。

要求出 num 的因子之和,就要从 1 到 2、3、4、…num/2,依次判断这些数是否可以被 num 整除,如果可以,就累积相加。

用一个整型变量 sum 表示因子之和,sum 的初识值为 0。用变量 i 表示被判断的数,i 的值从 1 变化到 num/2。求因子之和的程序段可以表达如下:

```
sum=0;
for(i=1;i<=num/2;i++)
if(num%i==0)sum=sum+i;
```

如果要判断 num 是否为完数,只需要在循环结束后判断 num 和 sum 是否相等就可以了。

```
if(num==sum)printf("该数是完数");
else printf("该数不是完数");
```

【代码】

```
#include<stdio. h>
int main( )
{
    int num,sum,i ;
    sum=0;
    printf("请输入一个整数:");
    scanf("%d",&num);
    for(i=1;i<=num/2;i++)
    if(num%i==0)
        sum=sum+i;
    if(num==sum)
        printf("该数是完数");
    else
        printf("该数不是完数");
    return 0;
}
```

运行结果如图 6-5 所示。

【思考】

如果要输出 1~1000 的所有完数。该如何编写程序实现。

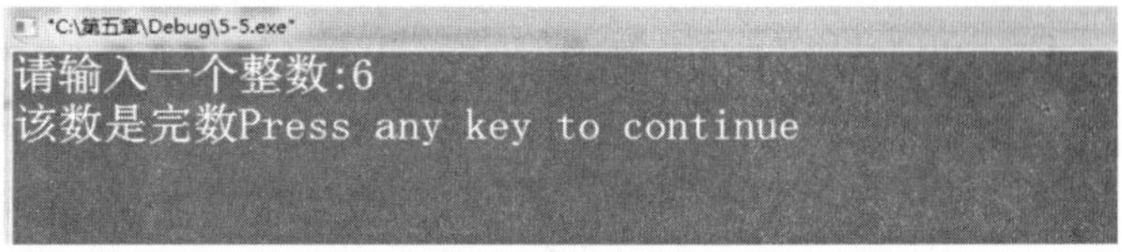

【示例 6-6】最大公约数和最小公倍数 。输入两个整数,求这两个整数的最大公约数和

图 6-5　完数输出图

最小公倍数。

例如，输入 20 和 25，则输出"它们的最大公约数为 5，最小公倍数为 100"。

【分析】

设两个整数为 a 和 b，假设 a 大于 b，求最大公约数的算法分析如下：

①c＝a%b

②如果 c＝0，则最大公约数为 b，终止循环；否则执行语句｛a＝b；b＝c；｝，然后返回 1 继续执行。

由上可知，这是一个循环判断的过程，循环的条件是 c！＝0，循环体是｛a＝b；b＝c；c＝a%b；｝。

实现这一功能的程序可以表达如下：

```
c=a%b;
while( c! =0)
｛a=b;
b=c;
c=a%b;
｝
```

循环结束后，c 就是求出的最大公约数。

最小公倍数＝a＊b/c；

在执行循环之前，需先比较 a 和 b 的值，如果 a 小于 b，则交换两个变量中的值。语句如下：

```
if( a<b) ｛t=a; a=b; b=t; ｝
```

假设要求 56 和 78 的最大公约数和最小公倍数。按照如上算法，执行如下：

因为 a 的值为 56，b 的值为 78，a 小于 b，则执行交换后，a 的值为 78，b 的值为 56。

①c＝78%56，余数为 22，不为 0，执行循环体，a＝56，b＝22；

②c＝56%22，余数为 12，不为 0，执行循环体，a＝22，b＝12；

③c＝22%12，余数为 10，不为 0，执行循环体，a＝12，b＝10；

④c＝12%10，余数为 2，不为 0，执行循环体，a＝10，b＝2；

⑤c＝10%2，余数为 0，则 c 就是两数的最大公约数。

⑥最小公倍数＝56＊78/2＝2184。

程序如下：

```
#include<stdio. h>
int main( )
｛
    int a,b,m,n,c,t;
    printf( "请输入两个整数:");
    scanf( "%d%d" ,&a,&b);
    m=a;
    n=b;
    if( a<b)
```

```
        {
            t=a;a=b;b=t;
        }
        c=a%b;
        while(c! =0)
        {
            a=b;b=c;c=a%b;
        }
        printf("最大公约数为%d",b);
        printf("最小公倍数为%d",m*n/b);
    return 0;
}
```

运行结果如图 6-6 所示。

图 6-6　最大公约数和最小公倍数输出图

【思考】

程序是否可以省略掉 m,n 两个变量,为什么? 改写如下。

```
#include<stdio. h>
int main()
{
    int a,b,c,t;
    printf("请输入两个整数:");
    scanf("%d%d",&a,&b);
    if(a<b)
    {
      t=a;a=b;b=t;
    }
    c=a%b;
    while(c! =0)
    {
        a=b;b=c;c=a%b;
    }
    printf("最大公约数为%d",b);
    printf("最小公倍数为%d",a*b/b);
        return 0;
}
```

【示例 6-7】现有程序如下，分析运行结果。

```c
#include<stdio. h>
int main( )
{
    int i,sum = 0;
    for(i = 0;i < 10; i++)
    {
        if( i = = 4)
            break;
        if( i = = 2)
            continue;
        sum = sum+i;            //循环计算累加和,放在 sum 中
    }
    printf( "sum = %d\n", sum);
    return 0;
}
```

运行结果如图 6-7 所示。

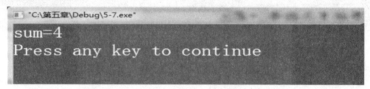

图 6-7　break,continue 示例输出图

【说明】

结果为:sum 为 0+1+3 = 4。

程序执行过程如下:i 从 0 开始循环,每次 i++。当 i = = 2 的时候,执行 continue,跳过 sum = sum+i 继续循环,也就是说,2 并没有加到 sum 中去。循环继续,i 变成 3,执行 sum = sum+i。然后发现 i = = 4,于是执行 break,跳出 for 循环,也就是说,break 之后,i 的值固定在 4,循环语句不再被执行了,sum = sum+i 这句也就不再被执行了。

break 是直接跳出循环体,而 continue 是跳过循环体中余下的语句(这里为 sum = sum+i)继续执行循环。除此之外,break 还可以用在 switch 语句中,用来结束条件匹配,道理和在循环中一样。

用 break 语句可以使流程跳出 switch 语句体,也可用 break 语句在循环结构中终止本层循环体,从而提前结束本层循环。

【示例 6-8】计算 s=1+2+3+…+i,直到累加到 s 大于 5000 为止,并给出 s 和 i 的值。

```c
#include<stdio. h>
int main( )
{
    int i,s;
    s=0;
    for(i=1;;i++)
    {
```

```
        s=s+i;
      if(s>5000)
        break;
    }
    printf("s=%d,i=%d\n",s,i);
    return 0;
}
```

程序的输出结果如图 6-8 所示。

【说明】

这是在循环体中使用 break 语句的示例。上例中,如果没有 break 语句,程序将无限循环下去,成为死循环。但当 i = 100 时, s 的值为 100 *
101/2 = 5050,if 语句中的条件表达式:

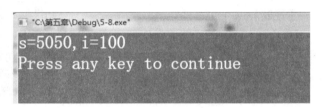

图 6-8　break 示例输出图

s>5000 为"真"(值为 1),于是执行 break 语句,跳出 for 循环,从而终止循环。

break 语句的使用说明:

(1)只能在循环体内和 switch 语句体内使用 break 语句。

(2)当 break 出现在循环体中的 switch 语句体内时,其作用只是跳出该 switch 语句体,并不能中止循环体的执行。若想强行中止循环体的执行,可以在循环体中,但并不在 switch 语句中设置 break 语句,满足某种条件则跳出本层循环体。

continue 语句的作用是跳过本次循环体中余下尚未执行的语句,立刻进行下一次的循环条件判定,可以理解为仅结束本次循环。注意:执行 continue 语句并没有使整个循环终止。

在 while 和 do-while 循环中,continue 语句使得流程直接跳到循环控制条件的测试部分,然后决定循环是否继续进行。在 for 循环中,遇到 continue 后,跳过循环体中余下的语句,而去对 for 语句中的"表达式 3"求值,然后进行"表达式 2"的条件测试,最后根据"表达式 2"的值来决定 for 循环是否执行。在循环体内,不论 continue 是作为何种语句中的语句成分,都将按上述功能执行,这点与 break 有所不同。

【示例 6-9】在循环体中 continue 语句执行示例。

```
#include<stdio. h>
int main( )
{
    int k=0,s=0,i;
    for(i=1;i<=5;i++)
    {
      s=s+i;
      if(s>5)
      {
        printf(" * * * *i=%d,s=%d,k=%d\n",i,s,k);        //1#输出语句
        continue;
      }
      k=k+s;
```

```
        printf("i=%d,s=%d,k=%d\n",i,s,k);              //2#输出语句
        }
      }
    }
    return 0;
}
```

运行结果如图 6-9 所示。

【说明】

程序运行时,当 i 为 1 和 2 时,由于条件表达式 s>5 为假,不执行 if 子句,仅执行 k=k+s;和 2#输出语句;执行第三次循环时,s 的值已是 6,这时表达式 s>5 的值为真,因此执行 if 分支中的 1#输出语句和 continue 语句,

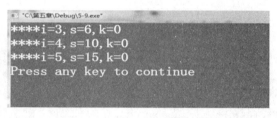

图 6-9　continue 示例输出图

并跳过其后的 k=k+s;语句和 2#输出语句;接着执行 for 后面括号中的 i++,继续执行下一次循环。由输出结果可见,后面三次循环中 k 的值没有改变。

【示例 6-10】输入一个正整数 n,求 1-1/3+1/5-1/7+…的前 n 项和。操作步骤参照视频 6-1。

【分析】

(1)见到类似的编程题,很多同学首先会想到用数学的方法去做,然后就去套数学公式,凑答案。对于编程而言,这不是一个好的方法,我们要用程序的思想解决问题,数学公式只是一个辅助工具而已。

视频 6-1

(2)解决这个问题,本书用到一个程序编程经常用到的方法:新增变量法。首先,可以考虑解决 1+1/2+1/3+1/4+…的前 n 项和,代码如代码一所示。

(3)接下来在解决 1+1/2+1/3+1/4+…的前 n 项和的基础上可以考虑如何解决 1+1/3+1/5+1/7+…的前 n 项和,这样会更加接近我们最初的需求。在解决 1+1/3+1/5+1/7+…的前 n 项和的时候会看到与 1+1/2+1/3+1/4+…的前 n 项和不一样的地方就是分母发生了变化,这个时候就会用到新增变量的方法来表示分母的这种变化,代码如代码二所示。

(4)最后,就可以在解决了 1+1/3+1/5+1/7+…的前 n 项和的基础上解决我们最初提出的需求 1-1/3+1/5-1/7+…的前 n 项和。这里可以看到我们要解决的问题和已经解决的问题之间的区别就是运算符号。所以这里又可以用到新增变量的方法来表示这种运算符号的变化,代码如代码三所示。

【代码一】

```
#include <stdio.h>
int main()
{
    int i,n;
    double sum=0;
    printf("please enter n:");
    scanf("%d",&n);
    for(i=1;i<=n;i++)
```

```
        sum=sum+1.0/i;              //这里需要注意是 1.0,请读者自己考虑原因
    printf("sum=%lf\n",sum);
    return 0;
}
```

【代码二】

```
#include <stdio. h>
int main( )
{
    int i,n;
    int k=1;                    //这里的变量 k 就是新增的变量
    double sum=0;
    printf("please enter n:");
    scanf("%d",&n);
  for(i=1;i<=n;i++)
   {
        sum=sum+1.0/k;
        k=k+2;
}                                //这里的变量 k 的变化影响了分母的变化
printf("sum=%lf\n",sum);
    return 0;
}
```

【代码三】

```
#include <stdio. h>
int main( )
{
  int i,n;
  int k=1;
  int sign=1;                 //这里的变量 sign 就是新增的变量
  double sum=0;
  printf("please enter n:");
  scanf("%d",&n);
  for(i=1;i<=n;i++)
  {
        sum=sum+sign*1.0/k;
        k=k+2;
        sign=-sign;            //这里的变量 sign 起符号翻转的作用
  }
  printf("sum=%lf\n",sum);
  return 0;
}
```

运行结果如图 6-10 所示。

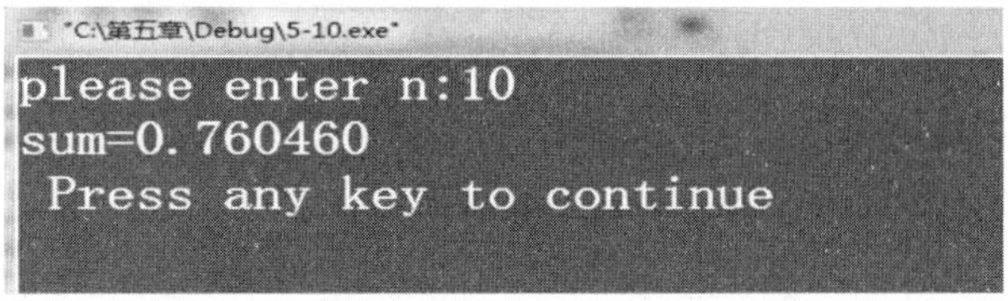

图 6-10　新增变量法示例输出图

【示例 6-11】循序渐进猜数游戏

在这个实验中,我们将尝试编写一个猜数游戏程序,这个程序看上去有些难度,但是如果按下列要求循序渐进地编程实现,会发现其实这个程序是很容易实现的。

程序 1　编程先由计算机"想"一个 1~100 的数请人猜,如果猜对了,则计算机给出提示"Right!",否则提示"Wrong!",并告诉人所猜的数是大(Too high)还是小(Too low),然后结束游戏。要求每次运行程序时机器所"想"的数不能都一样。

程序 2　编程先由计算机"想"一个 1~100 的数请人猜,如果猜对了,则结束游戏,并在屏幕上输出猜了多少次才猜对此数,以此来反映猜数者"猜"的水平;否则计算机给出提示,告诉所猜的数是太大还是太小,直到猜对为止。

程序 3　编程先由计算机"想"一个 1~100 的数请人猜,如果猜对了,则结束游戏,并在屏幕上输出猜了多少次才猜对此数,以此来反映猜数者"猜"的水平;否则计算机给出提示,告诉所猜的数是太大还是太小,最多可以猜 10 次,如果猜了 10 次仍未猜中的话,结束游戏。

程序 4　编程先由计算机"想"一个 1~100 的数请人猜,如果猜对了,在屏幕上输出猜了多少次才猜对此数,以此来反映猜数者"猜"的水平,结束游戏;否则计算机给出提示,告诉所猜的数是太大还是太小,最多可以猜 10 次,如果猜了 10 次仍未猜中的话,则停止本次猜数,然后继续猜下一个数。每次运行程序可以反复猜多个数,直到操作者想停止时才结束。

(1)随机函数 srand。为函数 rand() 设置随机数种子来实现对函数 rand 所产生的伪随机数的"随机化"通过键入随机数种子,产生 0~100 的随机数。

```
scanf("%u",&seed);
srand(seed);
magic = rand()% 100 + 1;
```

(2)使用计算机读取其时钟值并把该值自动设置为随机数种子,产生 0~100 的随机数函数 time()返回以秒计算的当前时间值,该值被转换为无符号整数并用作随机数发生器的种子。

```
#include    <time.h>
srand(time(NULL));
magic = rand()% 100 + 1;
```

【代码一】

```
#include    <stdio.h>
#include    <stdlib.h>
#include    <time.h>            //将函数 time 所需要的头文件 time.h 包含到程序中
int main()
{
    int magic;                 //计算机"想"的数
    int guess;                 //人猜的数
    srand(time(NULL));         //用标准库函数 srand() 为函数 rand() 设置随机数种子
    magic = rand()% 100 + 1;
    printf("Please guess a magic number:");
    scanf("%d",&guess);

    if(guess > magic)
```

```
        {
            printf("Wrong! Too high! \n");
        }
        else if( guess < magic )
        {
            printf("Wrong! Too low! \n");
        }
        else
        {
            printf("Right! \n");
            printf("The number is:%d\n",magic);
        }
        return 0;
}
```

【代码二】

```
#include    <stdio. h>
#include    <stdlib. h>
#include    <time. h>
int main( )
{
    int magic;            //计算机"想"的数
    int guess;            //人猜的数
    int counter;          //记录人猜的次数
    srand( time( NULL) );
    magic = rand( )% 100 + 1;
    counter = 0;
    do
    {
        printf("Please guess a magic number:");
        scanf("%d",&guess);
        counter ++;
        if( guess > magic )
        {
                printf("Wrong! Too high! \n");
        }
        else if( guess < magic )
        {
                printf("Wrong! Too low! \n");
        }
    }
    while( guess ! = magic );    //直到人猜对为止
    printf("Right! \n");
    printf("counter = %d\n",counter);
    return 0;
}
```

【代码三】

```
#include   <stdio. h>
#include   <stdlib. h>
#include   <time. h>
int main( )
{
    int magic;          //计算机"想"的数
    int guess;          //人猜的数
    int counter;        //记录人猜的次数

    srand( time( NULL) ) ;
    magic = rand( )% 100 + 1;
    counter = 0;
    do
    {
        printf( "Please guess a magic number:" ) ;
        scanf( "%d" ,&guess) ;
        counter ++;
        if( guess > magic)
        {
                printf( "Wrong! Too high! \n" ) ;
        }
        else if( guess < magic)
        {
                printf( "Wrong! Too low! \n" ) ;
        }
        else
        {
                printf( "Right! \n" ) ;
        }
    }
    while( ( guess! = magic) && ( counter<10) ) ;
    //猜不对且未超过 10 次时继续猜

    printf( "counter = %d\n" ,counter) ;
  return 0;
}
```

【代码四】

```
#include   <stdio. h>
#include   <stdlib. h>
#include   <time. h>
int main( )
{
```

```
    int magic;              //计算机"想"的数
    int guess;              //人猜的数
    int counter;            //记录人猜的次数
    char reply;             //用户输入的回答
    srand(time(NULL));
    do
    {
        magic = rand()%100 + 1;
        counter = 0;
        do
        {
                printf("Please guess a magic number:");
                scanf("%d",&guess);
                counter ++;
                if(guess > magic)
                {
                    printf("Wrong! Too high! \n");
                }
                else if(guess < magic)
                {
                    printf("Wrong! Too low! \n");
                }
                else
                {
                    printf("Right! \n");
                }
        }
        while((guess! =magic)&&(counter<10));
        //猜不对且未超过10次时继续猜
        printf("counter = %d\n",counter);
        printf("Do you want to continue(Y/N or y/n)?");
        scanf("%1s",&reply);
    }
    while((reply == 'Y')||(reply == 'y'));

    printf("The game is over! \n");
    return 0;
}
```

【示例 6-12】找出 100 之内的所有素数并输出。

【分析】

这是一个穷举问题,通过对 2 ~ 100 之内的数据逐一进行验证是否是素数,从而解决该问题。

(1)设定变量 m:2~100。

(2)判断 m 是否为素数,是则输出当前的 m,否则不输出。

（3）更新 m 值,返回第 1 步。

（4）以上 3 步重复执行,直到 m 的值超过 100。

【代码】

```
#include<stdio.h>
int main()
{
    int m,i,count=0;
    for(m=2;m<=100;m++)                    //循环执行 99 次
    {
        for(i=2;i<=m-1;i++)                //判断数 m 能否被 2~m-1 的数整除
          if(m%i==0)
              break;                        //如果能整除,退出循环
          if(i>m-1)
          {
              printf("%5d",m);              //如果 m 是素数,输出 m
              count++;                       //累加已经输出的素数个数
              if(count%10==0)               //如果 count 是 10 的倍数,换行
                  printf("\n");
          }
    }
    printf("\n");
    return 0;
}
```

运行结果如图 6-11 所示。

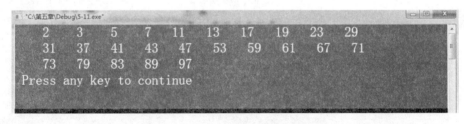

图 6-11　100 之内的所有素数输出图

【示例 6-13】搬砖问题:36 块砖,36 人搬,男搬 4 块,女搬 3 块,两个小孩抬 1 块,要求一次搬完,问男、女和小孩各多少人?

【分析】

这是一个多重穷举问题,根据题意,可知:

（1）男人(men)的可能取值范围为 0~9。

（2）女人(women)的可能取值范围为 0~12。

（3）小孩(children)的可能取值范围为 0~36。

要求这三个数的组合符合以下条件:

men * 4+women * 3+children/2==36

要求 children 为偶数。

采用穷举法,首先考虑 men 分别取 0~8 的各值时,找符合题意的 women 和 children,得到:

```
for(men=0;men<=9;men++)
```

找符合条件的 women 和 children;

进一步细化:

```
for(women=0;women<=12;women++)
```

找符合条件的 children;

【代码】

```c
#include<stdio. h>
int main( )
{
    int men,women,children;
    men=0;
    while(men<=8)
    {
    women=0;
    while(women<=11)
    {
      children=36-men-women;
        if((men*4+women*3+children/2==36)&&children%2==0)
         printf("men=%d,women=%d,children=%d\n",men,women,children);
      women++;
    }
    men++;
    }
  return 0;
}
```

运行结果如图 6-12 所示。

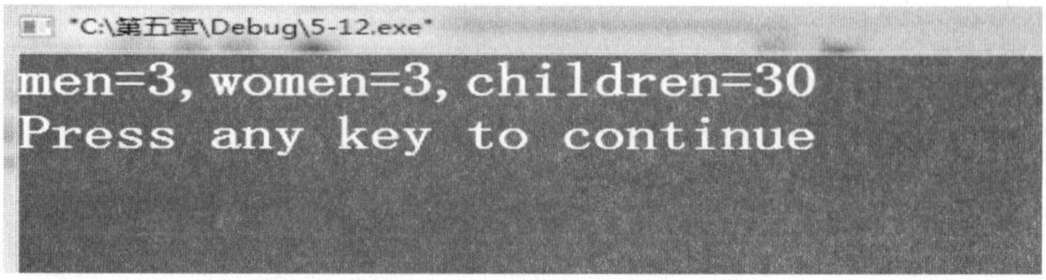

图 6-12　搬砖问题输出图

【示例 6-14】素数问题。

分析方法:

(1)素数的概念:除了 1 和本身之外不能被任何数整除。

（2）素数的判断：
$$\begin{cases} x\ 从\ 2\ 到\ x-1\ 都不能被整除。\\ x\ 从\ 2\ 到\ x/2\ 都不能被整除。\\ x\ 从\ 2\ 到\ x\ 的平方根都不能被整除。 \end{cases}$$

循序渐进：

（1）判断 x 是否为素数。

```c
#include<stdio.h>
int main()
{
    int i,x;
    scanf("%d",&x);
    for(i=2;i<x;i++)
      if(x%i==0)
        break;
    if(i>=x)
        printf("yes");
    else
        printf("No");
    return 0;
}
```

（2）输出所有三位素数。

```c
#include<stdio.h>
int main()
{
    int   i,j,n = 0;
    for(i = 100; i <1000; i++)
    {
        for(j = 2; j < i/2;j++)
          if(i % j == 0)
                break;
        if(j == i/2)
        {
          printf("%d ",i);
          n++;
          if(n % 6 == 0)
            printf("\n");
        }
    }
    printf("\n");
    return 0;
}
```

（3）求大于 m 的 k 个素数。

```c
#include<stdio.h>
```

```
int main( )
{
int i,x,m,k,n;
scanf("%d%d",&m,&k);n=0;
for(x=m+1;n<k;x++)
    {
    for(i=2;i<x;i++)
        if(x%i==0)break;
    if(i>=x){printf("x=%d",x);n++;}
    }
return 0;
}
```

【**示例 6-15**】给定一个值 N(1<N<100000),请按照递增次序输出所有小于等于 N 的素数。操作步骤参照视频 6-2。

【**分析**】

(1)不是求一个素数,而是求一段素数(一种常见的情况就是求指定范围的所有的素数)。

(2)如果还用常规求素数方法,可能的问题是数据量大。

(3)这里采用一种筛选法的方法来解决上述问题。基本思想:素数的倍数一定不是素数。

(4)实现方法:用一个长度为 N+1 的数组保存信息(0 表示素数,1 表示非素数),先假设所有的数都是素数(初始化为 0),从第一个素数 2 开始,把 2 的倍数都标记为非素数(置为1),一直到大于 N;然后进行下一趟,找到 2 后面的下一个素数 3,进行同样的处理,直到最后,数组中依然为 0 的数即为素数。说明:整数 1 特殊处理即可。代码如代码一所示。

(5)题目特点:数据量超大! 前面算法的瓶颈:每组数据都求素数。

如何改进以加快求解速度? 可否一次筛选,多次查找?

这就是预处理思想。代码如代码二所示。

视频 6-2

初始状态

0	0	0	0	0	0	0	0	0	0	0	0	0	0	0	0	0	0
0	1	2	3	4	5	6	7	8	9	10	11	12	13	14	15	16	17

2 的倍数都标记为非素数(置为 1)

0	0	0	0	1	0	1	0	1	0	1	0	1	0	1	0	1	0
0	1	2	3	4	5	6	7	8	9	1	1	1	1	1	1	1	1

3 的倍数都标记为非素数(置为 1)

0	0	0	0	1	0	1	0	1	1	1	0	1	0	1	1	1	0
0	1	2	3	4	5	6	7	8	9	10	11	12	13	14	15	16	17

【**代码一**】

#include<stdio.h>

```
#include<math. h>
int a[100001];
int main( )
{
    int i,j,n;
    while( scanf( "%d" ,&n) = =1)
    {
        for( i=2;i<=n;i++)
        {
          if( a[i] = =0)
          for( j=i+i;j<=n;j+=i)
              a[j] =1;
        }
        printf( "2" );
        for( i=3;i<=n;i++)
          if( a[i] = =0)
              printf( " %d" ,i);
        printf( "\n" );
    }
    return 0;
}
```

【代码二】

```
#include<stdio. h>
#include<math. h>
int a[100001];
int main( )
{
    int i,j,n,count;
    for( i=2;i<=100000;i++)
    {
        if( a[i] = =0)
        for( j=i+i;j<=100000;j+=i)
            a[j] =1;
    }                           //以上代码还是朴素筛选,需改进
    while( scanf( "%d" ,&n) = =1)
    {
        count=0;
        for( i=2;i<=n;i++)
        if( a[i] = =0)
            count++;
        printf( "%d\n" ,count);
    }
        return 0;
}
```

【思考】

相对之前,算法有否改进;哪个地方依然影响效率? 如何改进? 再思考:若求某一段数中素数的个数呢?

【示例 6-16】星形问题。

【分析】

输出星形问题是嵌套循环的典型应用,习惯使用 for 循环来输出星形,用外层循环控制输出星形的行,内层循环控制输出星形的列。如果需要输出空格的话,也要考虑使用 for 循环来完成空格的输出。

(1)输出四行六列星形。

```
#include <stdio. h>
int main( )
{
  int i = 0,j = 0;
  for(i = 0;i < 4; i++)          //外层循环,控制行数
  {
    for(j = 0; j < 6; j ++)      //嵌套循环,控制每行的列数
    {
      printf( " * ") ;           //打印 * *
    }
    printf( " \n") ;             //每行完了之后都会换行
  }
  return 0;
}
```

输出结果如图 6-13 所示。

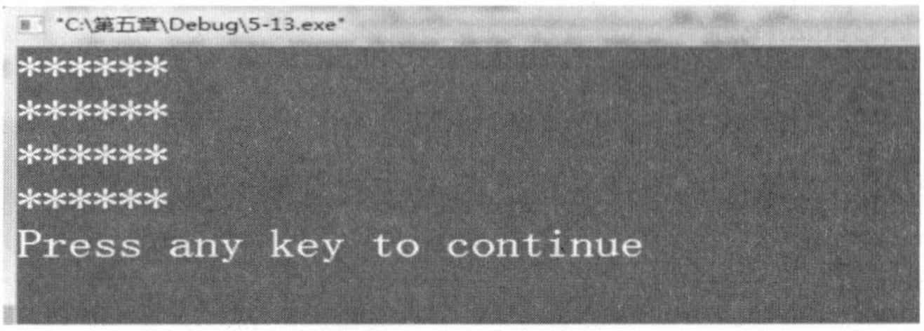

(2)输出不同列星形。

```
#include   <stdio. h>
int main( )
{
    int i = 0,j = 0;
    for(i = 0; i < 5; i ++)      //外层循环,控制行数
    {
      for(j =0; j <= i; j++)
      {
      printf( " * ") ;
      }
      printf( " \n") ;
    }
    return 0;
}
```

输出结果如图 6-14 所示。

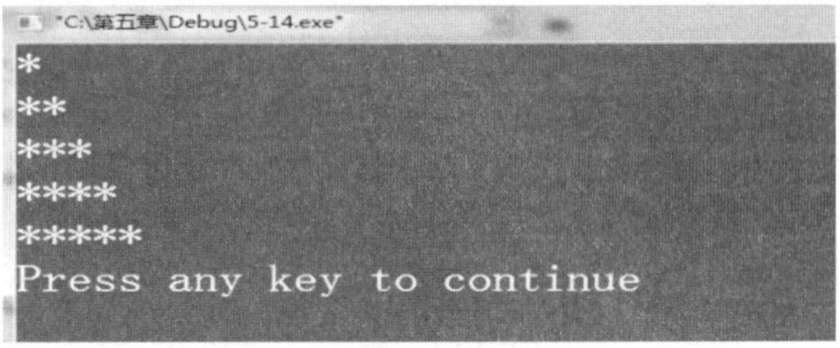

(3)输出带空格星形。

图 6-13　同列星形输出图

图 6-14　不同列星形输出图

```
#include <stdio. h>
int main( )
{
    int i = 0,j = 0,k = 0;
    for(i = 0; i < 4; i++)
    {
        for(k = 0; k + i < 3;k++)
        {
            printf(" ");
        }
        for(j = 0; j < 2 * i + 1; j++)
        {
            printf(" * ");
        }
        printf("\n");
    }
    return 0;
}
```

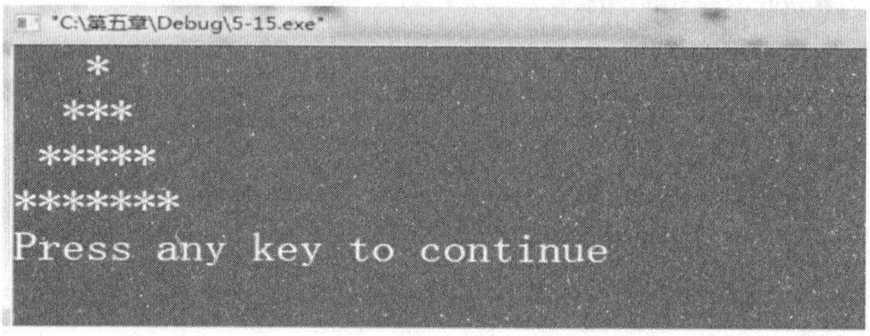

图 6-15　带空格星形输出图

输出结果如图 6-15 所示。

6.3　习题

一、选择题

1. 下面有关 for 循环的正确描述是(　　)。
   A. for 循环只能用于循环次数已经确定的情况
   B. for 循环是先执行循环体语句,后判断表达式
   C. 在 for 循环中,不能用 break 语句跳出循环体
   D. for 循环的循环体语句中,可以包含多条语句,但必须用大括号括起来

2. 下面程序的运行结果是(　　)。

```
#include<stdio. h>
int main( )
{
    int num=0;
    while(num<=2)
    {
        num++;
        printf("%d\n",num);
    }
    return 0;
}
```

   A. 1　　　　　　B. 1　2　　　　　C. 1　2　3　　　　　D. 1　2　3　4

3. 下列关于 do-while 说法正确的是(　　)。

  A. 不能使用 do-while 构成的循环

  B. do-while 构成的循环必须用 break 才能退出

  C. do-while 构成的循环,当 while 中的表达式值为非零时结束循环

  D. do-while 构成的循环,当 while 中的表达式值为零时结束循环

4. 下列说法正确的是(　　)。

  A. do-while 的循环体至少无条件执行一次

  B. while 的循环控制条件比 do-while 的循环控制条件严格

  C. do-while 允许从外部转到循环体内

  D. do-while 的循环体不能是复合语句

5. 下列说法正确的是(　　)。

  A. continue 语句的作用是结束整个循环的执行

  B. 只能在循环体内和 switch 语句体内使用 break 语句

  C. 在循环体内使用 break 语句或 continue 语句的作用相同

  D. 从多层循环嵌套中退出时,只能使用 goto 语句

二、填空题

1. 下面程序执行结果是_____。

```c
#include<stdio.h>
int main()
{
    int k,n,m;
    n=10;m=1;k=1;
    while(k<=n){m*=2;k+=4;}
    printf("%d\n",m);
    return 0;
}
```

2. 下面程序执行结果是_____。

```c
#include<stdio.h>
int main()
{
        int i=1;
        int a=0;
        int s=1;
        do
        {
            a=a+s*i;
            s=-s;
            i++;
        }
        while(i<=10);
        printf("%d",a);
```

```
        return 0;
    }
```

3. 下面程序执行结果是_____。

```
#include<stdio. h>
int main( )
{
    int i;
    for(i=1;i<=5;i++)
    switch(i%2)
    {
        case 0: i++;printf("#");break;
        case 1:i+=2;printf(" * ");
        default: printf(" * ");
    }
    return 0;
}
```

4. 下面程序执行结果是_____。

```
#include<stdio. h>
int main( )
{
    int a,s,n,count;
    a=2; s=0; n=1; count=1;
    while(count<=7)
    {
        n=n * a;
        s=s+n;
        ++count;
    }
    printf("s=%d",s);
    return 0;
}
```

5. 下面程序执行结果是_____。

```
#include<stdio. h>
int main( )
{
    int x=2;
    do
    {
        printf(" * ");
        x--;
    }
        while(! x==0);
```

```
        return 0;
}
```

三、程序设计题

1. 输出 100 以内能被 7 整除的数。

2. 有数列 1,3,5,7,9,11,…,现要求由键盘输入 n,计算输出该数列的前 n 项和。

3. 用迭代法求某正数 a 的平方根 x1,已知求平方根的迭代公式为:

x0 = a/2

x1 = 1.0/2 * (x0+a/x0) 当 x0−x1 的绝对值<10^{-5} 时,x1 为最终结果。

4. 输入 6 名学生 5 门课程的成绩,分别统计每个学生 5 门课程的平均成绩。

5. 输入三角形的三条边,求三角形的面积。

6. 反复输入正整数,计算并输出组成该数的各位数字之和。比如,输入的数是 13256,则输出 1+3+2+5+6=17。直到输入的数为 0 时停止。

7. 由键盘输入一行字符(总字符个数从 1~80 个均有可能,以回车符表示结束),将其中每个数字字符所代表的数值累加起来,输出结果。

8. 由键盘输入一个句子(总字符个数从 1~80 个均有可能,以回车符表示结束),将其中的大写字符变成小写,其他类型的字符不变,最后输出变换后的句子。

9. 由键盘输入一个句子(总字符个数从 1~80 个均有可能,以回车符表示结束),以空格分割单词,要求输出单词的个数。

10. 一个百万富翁遇到一个陌生人,陌生人找他谈了一个换钱的计划。该计划如下:我每天给你 m 元,而你第一天只需给我一分钱。第二天我仍给你 m 元,你给我 2 分钱。第三天,我仍给你 m 元,你给我 4 分钱。依此类推,你每天给我的钱是前一天的两倍,一直到第 38 天。百万富翁很高兴,欣然接受这个契约。现要求,编写一个程序,由键盘输入 m,计算多少天后,百万富翁开始亏钱。

11. 用 do…while 语句编写程序,连续输入若干字符,直到回车换行符结束。统计并输出所输入的空格、大写字母、小写字母,以及其他字符(不含回车换行符)的个数。

12. 求 s = a+aa+aaa+aaaa+aa…a 的值,其中 a 是一个数字。例如:2+22+222+2222+22222(此时共有 5 个数相加),几个数相加由键盘控制。

13. 一个球从 100 米高度自由落下,每次落地后反跳回原高度的一半;再落下,求它在第 10 次落地时,共经过多少米? 第 10 次反弹多高?

14. 一只猴子摘了 N 个桃子,第一天吃了一半又多吃了一个,第二天吃了余下的一半又多吃了一个,到第十天的时候发现还有一个,求第一天摘了多少个桃子?

15. 将一个正整数分解质因数。例如:输入 90,输出 90=2*3*3*5。

16. 输出三行三列的正直角三角形。(公式:列数=当前行数)

17. 输出 10 行 10 列的倒直角三角形。(公式:列数=总行数+1−当前行数)

18. 输出 4 行 7 列的正等腰三角形。(公式:列数=当前行数*2−1)

19. 输出倒着的正等腰三角形。(公式:列数=总行数*2−(2*当前行数−1))

20. 随意输出菱形。

21. 由键盘输入正数 n,要求输出 2*n+1 行的菱形图案。要求菱形左边紧靠屏幕左边,如下所示。

22. 数列的定义如下：数列的第一项为 n,以后各项为前一项的平方根,求数列的前 m 项的和。输入数据有多组,每组占一行,由两个整数 n(n<10000) 和 m(m<1000) 组成,n 和 m 的含义如前所述。对于每组输入数据,输出该数列的和,每个测试实例占一行,要求精度保留 2 位小数。例如:输入 81 4,输出 94.73;输入 2 2,输出 3.41。

6.4　习题答案

一、选择题

1. D　　2. C　　3. D　　4. A　　5. B

二、填空题

1. 8　　2. −5　　3. ∗∗#　　4. s＝254　　5. ∗∗

三、程序设计题

1. 程序代码如下:

```c
#include" stdio. h"
int main( )
{
    int i;
    for( i = 1;i < = 100;i++)
      if( i%7 = = 0)
      printf( "%d\n",i) ;
      return 0;
}
```

2. 程序代码如下:

```c
#include<stdio. h>
```

```c
int main()
{
    int n,sum=0,i,t=1;
    scanf("%d",&n);
    for(i=1;i<=n;i++)
     {  sum=sum+t;
        t=t+2;
     }
    printf("%d\n",sum);
    return 0;
}
```

3. 程序代码如下：

```c
#include<stdio. h>
#include "math. h"
int main()
{
    float a;
    double x0,x1;
    printf("input a:");
    scanf("%f",&a);
    if(a<0)priintf("error!");
    else
     {
        x0=a/2;
        x1=(x0+a/x0)/2;
            do
            {
            x0=x1;
            x1=(x0+a/x0)/2;
            }
            while(fabs(x0-x1)>1e-5);
     }
    printf("lf",x1);
return 0;
}
```

4. 程序代码如下：

```c
#include<stdio. h>
#define N 6
#define M 5
        int main()
        {
        int i,j;
         float g,sum,ave;
```

```
    for(i=1;i<=N;i++)
      {
      for(sum=0,j=1;j<=M;j++)
        {
        scanf("%f",&g);
        sum=sum+g;
        }
      ave=sum/M;
      printf("NO.%d   ave=%5.2f\n",i,ave);
      }
    return 0;
    }
```

5. 程序代码如下：

```
#include<math.h>
#include<stdio.h>
    int main()
    {
    float a,b,c,area,s;
    printf("请输入 a,b,c:");scanf("%f,%f,%f",&a,&b,&c);
    s=(a+b+c)/2.0;
    area=sqrt(s*(s-a)*(s-b)*(s-c));
    printf("面积:%f\n",area);
    return 0;
    }
```

6. 程序代码如下：

```
#include "stdio.h"
    int main()
    {
    int x,x1=0,x2=0,x3=0,x4=0,x5=0;
    printf("Please enter a integer:");
    scanf("%d",&x);
    while(x != 0
      {
      x5 = x%10;
      x = x/10;          x4 = x%10;
      x = x/10;          x3 = x%10;
      x = x/10;          x2 = x%10;
      x = x/10;          x1 = x%10;
      printf("x1+x2+x3+x4+x5=%d\n",x1+x2+x3+x4+x5);
      scanf("%d",&x);
      }
    return 0;
    }
```

7. 程序代码如下：

```
#include<stdio.h>
 int main()
   {   char c;
       int s=0,a;
       while((c=getchar())!='\n')
       {   if(c>='0'&&c<='9')
           {   a=c-48;
               s=s+a;
           }
       }
       printf("%d",s);
       return 0;
   }
```

8. 程序代码如下：

```
#include <stdio.h>
  int main()
  {   char c;
      while((c=getchar())!='\n')
      {   if(c>='A'&&c<='Z')
              c=c+32;
          putchar(c);
      }
      return 0;
  }
```

9. 程序代码如下：

```
#include<stdio.h>
  int main()
  {   int i,num=0,word=0;
      char c;
      for(i=0;(c=getchar())!='\n';i++)
          if(c==' ')word=0;
          else if(word==0)
          {   word=1;
              num++;
          }
      printf("%d",num);
      return 0;
  }
```

10. 程序代码如下：

```
#include <stdio.h>
```

```c
#include <math. h>
int main( )
{    int n,m,i;
     scanf("%d",&m) ;
     for(i=1;i<=38;i++)
         if(0. 01 * ( pow(2,i-1) -1) -i * m>=0)
           break;
     printf("%d",i-1) ;
     return 0;
}
```

11. 程序代码如下:

```c
#include "stdio. h"
int main( )
  {
   char ch=' ';
   int i=0,j=0,k=0,m=-1;
   do  {
        if(ch>='a' && ch<='z')
        i++;
        else if(ch>='A' && ch<='Z')
        j++;
        else if(ch == ' ')
        m++;
        else
        k++;
        }
   while((ch=getchar( ))!  ='\n') ;
   printf("small letter = %d,capital letter = %d\n",i,j) ;
   printf("space = %d,other = %d\n",m,k) ;
   return 0;
  }
```

12. 程序代码如下:

```c
#include "stdio. h"
int main( )
{
   int a,n,count=1;
   int sn=0,tn=0;
   printf("please input a and n\n") ;
   scanf("%d,%d",&a,&n) ;
   printf("a=%d,n=%d\n",a,n) ;
   while(count<=n)
   {
        tn=tn+a;
```

```
            sn = sn+tn;
            a = a * 10;
            ++count;
        }
    printf("a+aa+... = %d\n",sn);
    return 0;
}
```

13. 程序代码如下:

```
#include "stdio. h"
int main( )
{
    float sn = 100. 0,hn = sn/2;
    int n;
    for(n = 2;n< = 10;n++)
    {
        sn = sn+2 * hn;            //第 n 次落地时共经过的米数
        hn = hn/2;                 //第 n 次反跳高度
    }
    printf("the total of road is %f\n",sn);
    printf("the tenth is %f meter\n",hn);
    return 0;
}
```

14. 程序代码如下:

```
#include "stdio. h"
int main( )
{
    int i,s,n = 1;
    for(i = 1;i<10;i++)
    {
        s = (n+1) * 2
        n = s;
    }
    printf("第一天共摘了%d 个桃\n",s);
    return 0;
}
```

15. 程序代码如下:

```
#include "stdio. h"
int main( )
{
    int n,i;
    printf("\nplease input a number:\n");
    scanf("%d",&n);
```

```
        printf("%d=",n);
        for(i=2;i<=n;i++)
        {
            while(n!=i)
            {
              if(n%i==0)
                { printf("%d*",i);
                    n=n/i;
                }
                else
                    break;
            }
        }
        printf("%d",n);
        return 0;
}
```

16. 程序代码如下：

```
#include<stdio.h>
    int main()
    {
    int i,j;
    for(i=1;i<=3;i++)
        {
        for(j=1;j<=i;j++)
          printf(" * ");
          printf("\n");
        }
    return 0;
    }
```

17. 程序代码如下：

```
#include<stdio.h>
  int main()
  {
  int i,j;
  for(i=1;i<=10;i++)
    {
    for(j=1;j<=11-i;j++)
    printf(" * ");
    printf("\n");
    }
  return 0;
  }
```

18. 程序代码如下：

```
#include<stdio. h>
  int main( )
  {
  int i,j;
  for(i=1;i<=4;i++)
    {
      for(j=1;j<=5-i;j++)
        printf("  ");
      for(j=1;j<=2*i-1;j++)
        printf(" * ");
      printf(" \n");
    }
  return 0;
  }
```

19. 程序代码如下:

```
#include<stdio. h>
    int main( )
    {
      int i,j;
      for(i=1;i<=4;i++)
        {
        for(j=1;j<=i;j++)
          printf("  ");
        for(j=1;j<=8-(2*i-1);j++)
          printf(" * ");
        printf(" \n");
        }
      return 0;
    }
```

20. 程序代码如下:

```
#include<stdio. h>
    int main( )
        {
        int i,j;
        for(i=1;i<=4;i++)
          {
          for(j=1;j<=5-i;j++)
            print("  ");
          for(j=1;j<=2*i-1;j++)
            printf(" * ");
          printf(" \n");
          }
        for(i=1;i<=3;i+)
```

```
            }
        for(j=1;j<=i+1;j++)
          printf( ) ;
        for(i=1;j<=5-(2*i-1);j++)
          printf(" * ") ;
        printf(" \n") ;
            }
        return 0;
            }
```

21. 程序代码如下：

```
#include "stdio. h"
  #include "math. h"
  int main( )
  {    int n,i,j,k;
      scanf("%d",&n) ;
      for(i=1;i<=2*n+1;i++)
      {    k=abs(n+1-i) ;
          for(j=1;j<=k;j++)    printf(" ") ;
          for(j=1;j<=2*n+1-2*k;j++)    printf(" * ") ;
          printf(" \n") ;
      }
  return 0;
  }
```

22. 程序代码如下：

```
#include<stdio. h>
#include<math. h>
int main( )
{
    int n,m,i;
    double sum,t,tempsum;
    while(scanf("%d %d",&n,&m)! = EOF)
    {
        sum = tempsum = n;
        for(i = 1;i < m;i++)
        {
            t = sqrt((float)tempsum) ;
            sum += t;
            tempsum = t;
        }
        printf("%. 2lf\n",sum) ;
    }
    return 0;
}
```

第七章 >>>

数 组 的 应 用

7.1 实验目的

1. 掌握一维数组和二维数组的定义、赋值和输入输出的方法。
2. 掌握字符数组和字符串函数的使用。
3. 掌握与数组有关的算法(特别是排序算法)。

7.2 实验内容

视频 7-1

【示例 7-1】一维数组的输入输出。输入一名学生的 5 门课的成绩,并在屏幕上输出,调试运行操作步骤参照视频 7-1。

【分析】

数组是用来存储相同数据类型的数据,和前面学习变量时一样,数组也需要先声明后使用,定义数组和定义变量方法相同:"用数据类型关键字+空格+数组名[数组长度]+;"例如:"int grade[5]; char name[8];"。输入函数 scanf("格式控制说明",& 数组名[下标]);例如:"scanf("%d",&grade[i]);",如果用循环结构循环执行此指令便可将数据输入到数组中。输出函数 printf("格式控制说明",数组名[下标]);例如:"printf("%d",grade[i]);",如果用循环结构循环执行此指令便可将数组中数据输出到屏幕。

【代码】

```
#include <stdio. h>          //预编译指令,标准输入输出头文件
int main( )                   //主函数
{
   int grade[5],i;           //声明两个整型变量

/ ****************给数组输入数据 **************/
   for(i=0;i<=4;i++)
     {scanf("%d",&grade[i]);}
/ *****************************/

/ ****************输出数组数据到屏幕 *************/
     for(i=0;i<=4;i++)
       {printf("%d,",grade[i]);}
/ ********************************/
   return 0;
}
```

【说明】

输入数据时可以用空格或回车隔开数据,最后用回车结束;输出多个数据时需要在程序中加入分割符号,如空格、逗号等,如果不加分割符,数据输出时就会连在一起无法分辨。结果如图 7-1 所示。

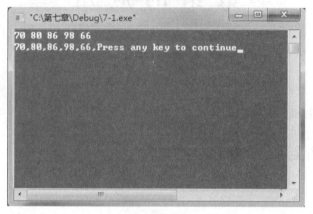

图 7-1　数组输入输出

【示例 7-2】输入一名学生的 5 门课的成绩,计算其总成绩和平均成绩,并在屏幕上输出结果,要求平均成绩保留 2 位小数,将代码补充完整,调试运行。

【分析】

第 1 题中已经学习了如何对数组进行输入输出。大部分程序都是 IPO(input-process-output)即输入-处理-输出结构的。本实验也不例外,在输入 5 门课成绩后,成绩保存到grade[ ]数组中了,接下来只需要将数组中每个元素值加起来存到变量 sum 中,再用 sum 和数组长度就可以求出平均值 average。

【代码】

```
#include <stdio. h>            //预编译指令,标准输入输出头文件
int main( )                    //主函数
{
  int grade[5],i;              //声明两个整型变量
  double sum=0,average;        //声明双精度浮点型变量便于计算

/ ****************给数组输入数据 **************/
    for(i=0;i<=_____;i++)
    { scanf( " %d" ,&grade[i] ) ; }
/ **************************/
/ ***************数据加工处理 **************/
    for(i=0;i<=4;i++)
    { sum=_____+grade[i] ; }
    average=_____/5. 0;
/ **************************/

/ ***************输出结构到屏幕 **************/
    printf( " sum=%lf,average=%. 2lf\n" ,sum,_____) ;
```

```
/ ********************************* /
            return 0;                    |
```

【说明】

新添加 2 个变量 sum 和 average,由于计算平均值会有小数,为了不丢失数据,所以将这两个变量都定义为 double 类型。计算平均值时需注意"/"两边的操作数至少有一个必须是浮点性的。输出时保留 2 位小数在格式控制说明中用"%.2lf"表示,输出结果如图 7-2 所示。

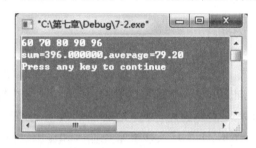

图 7-2　求总分和平均分结果图

【示例 7-3】用选择法对 10 个整数排序。10 个整数用 scanf 函数输入。此题类型为程序调试,下面为此题的程序,其中有一些错误,请调试使之输出正确结果。

```c
#include <stdio.h>
int main( )
{
    int i,j,min,temp,a[10];
        printf( "enter data:\n" );
    for(i=1;i<=10;i++)
    {
        printf( "a[%d]=",i );
        scanf( "%d",&a[i] );                //输入 10 个数
    }
        printf( "\n" );
        printf( "The original numbers:\n" );
    for(i=1;i<=10;i++)
        printf( "%5d",a[i] );               //输出这 10 个数
    printf( "\n" );
    for(i=1;i<=10;i++)                       //以下 8 行是对 10 个数排序
    {
        min=i;
        for(j=i+1;j<=10;j++)
          if(a[min]>a[j]) min=j;
        a[min];=a[i];                        //以下 3 行将 a[i+1]~a[10]中最小者与 a[i]对换
        a[i]=a[min];
    }
        printf( "\n The sorted numbers:\n" );
    for(i=1;i<=10;i++)                       //输出已排好序的 10 个数
        printf( "%5d",a[i] );
        printf( "\n" );
    return 0;
}
```

【说明】

此程序是将数组中的数进行排序,其中有错误,请将此程序运行在 Visual C++编译环境中调试,找出错误改正运行出正确结果。

【示例 7-4】用字符数组存储 3 个 NBA 球星的姓名,并输出到屏幕,将代码补充完整,调试运行。

【分析】

字符数组的输入与输出有两种方法,可以按照前面实习中使用的遍历数组的方法逐个地输入输出元素,也可以将整个字符串按照%s 的方式一次性地输入输出。这里用第一种方法输入和输出第一个球星的姓名,用第二种方法输入和输出剩下的两个球星姓名。思路确定后思考程序需要的内容,首先是三个数组的声明,由于是字符数组,所以用关键字 char,例如:"char player1[10]",接下来是输入和输出,可参考如下程序。

【代码】

```
#include<stdio. h>
#define N 10
int main( )
{
    char player1[N],player2[N],player3[N];
    int i;

/ ****************输入第1名球星姓名 ****************/
    printf("请输入第 1 名 NBA 球星的姓名\n");
      for(i=0;i<_____;i++)
      {
      scanf("%c",&player1[i]);                    //利用%c 格式逐个输入
      }
/ ****************输入第2名球星姓名 ****************/
    printf("请输入第 2 名 NBA 球星的姓名\n");
      scanf("%s",player2);
/ ****************输入第2名球星姓名 ****************/
    printf("请输入第 3 名 NBA 球星的姓名\n");
      scanf("%s",player3);
/ ****************输出第1名球星姓名 ****************/
    printf("\n 输出第 1 名球星姓名\n");
      for(i=0;i<_____;i++)
      {
        printf("%c",player1[i]);                  //利用%c 格式逐个输出
      }
/ ****************输出第2名球星姓名 ****************/
    printf("\n 输出第 2 名球星姓名\n%s\n",player2);   //利用%s 格式整体输出

/ ****************输出第3名球星姓名 ****************/
      printf("输出第 3 名球星姓名\n%s\n",player3);    //利用%s 格式整体输出
      return 0;
}
```

【说明】

在程序中使用了符号常量 N 的宏定义,每个字符数组长度为 10,输入第 1 个球星采用%c 格式逐个输入,这种方法不仅代码长,而且在输入时也很不方便,因为要循环 10 次"scanf("%c",&player1[i]);",姓名不足 10 个字符时还需要输入空格补足,而指令"scanf("%s", player2);"则不存在这样的问题,输入完直接回车即可,实验结果如图 7-3 所示。

图 7-3　字符数组输入输出图

【示例 7-5】尝试使用字符串处理函数 puts( )和 gets( )完成示例 7-5 的内容,并用字符串长度测量函数 strlen( )计算每个球星名字的有效长度。操作步骤参照视频 7-2。

【示例 7-6】补充下面程序中横线部分的内容,利用二维数组使其在屏幕上输出矩阵,如图 7-4 所示。将代码补充完整,调试运行。

【代码】

```
#include<stdio. h>
intmain( ){
    int a[3][3]={{_____},{_____},{_____}};
    int i,j;
    printf( "矩阵为:\n" );
    for( i=0;i<_____;i++){
      for( j=0;j<_____;j++){
        printf( " %d ",_____);
      }
      printf( " \n" );
    }
    return 0;
}
```

视频 7-2

图 7-4　矩阵结果图

【示例 7-7】利用二维数组输入 5 名 NBA 球星的名字,并输出到屏幕中将代码补充完整,调试运行。

【分析】

在示例 7-4 中 3 个球星就需 3 个数组,很不方便,如加入多个球星,使用一维数组将会产生很大的麻烦,遇到这种情况就应使用二维数组。由于是字符类型,所以使用 puts( )函数和 gets( )函数比较方便。

【代码】

```
#include<stdio. h>
#define N 10
intmain( )
{
    char player[5][N];
```

```
    int i,j;

    /***************输入球星姓名***************/
    for(i=0;i<____;i++){
        printf("请输入第%d名NBA球星的姓名\n",i+1);
        gets(player[i]);            //逐个输入
    }
    /***************输出球星姓名***************/
    for(i=0;i<____;i++){
        printf("\n第%d名球星是\n",i+1);
        puts(player[i]);            //逐个输出
    }
    return 0;
}
```

输出结果如图7-5所示,程序和用户界面都大大的简化。

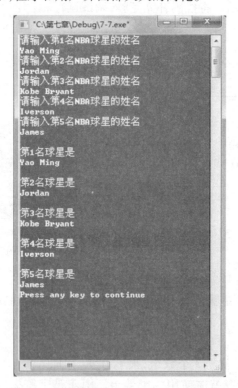

图 7-5　二维数组输入输出球星姓名结果图

7.3　习题

1. 用冒泡排序法对 10 个数进行升序排序并输出到屏幕。

【说明】参考前面选择排序的程序代码,初始化数组时将任意 10 个整数存入数组,然后进行冒泡排序,再将排好序的数组输出到屏幕。

2. 有一 12 个元素的整型数组 b,从键盘输入数据,请以每行 4 个数据各个数据之间空两格的形式输出 b 数组的 12 个元素。

3. 用数组方法求 Fibonacci 数列的前 20 个数。该数列的生成方法为:$F1 = 1, F2 = 1, Fn = Fn-1+Fn-2$ (n>=3),即从第 3 个数开始每个数等于前 2 个数之和(每行输出 4 个数)。

4. *打印杨辉三角形(要求打印出 6 行)。

```
1
1    1
1    2    1
1    3    3    1
1    4    6    4    1
1    5    10   10   5    1
1    ……
```

5. 求一个 5×5 矩阵中的马鞍数,输出它的位置。"马鞍数"是指在行上最小而在列上最大的数。如下矩阵所示,矩阵中 1 行 1 列上的 5 就是这个矩阵的马鞍数。

$$
\begin{pmatrix}
5 & 6 & 7 & 8 & 9 \\
4 & 5 & 6 & 7 & 8 \\
3 & 4 & 5 & 2 & 1 \\
2 & 3 & 4 & 9 & 0 \\
1 & 2 & 5 & 4 & 8
\end{pmatrix}
$$

6. 输入一个字符串,判断其是否为回文。回文字符串是指从左到右读和从右到左读是完全相同的字符串。

7. 编写程序实现从字符数组 str 中删除存放在 ch 中的字符。

7.4　习题答案

1. 程序代码如下:

```c
#include<stdio. h>
int main( )
{
    int a[10] = {12,45,7,8,96,4,10,48,2,46},n=10,I,j,t;
    printf("Before sort: ");
    / *************排序前数据输出屏幕 *****************/
    for(i=0;i<10;i++)
    {
      printf("%4d",a[i]);
    }
    prtintf("\n");
    / *************冒泡排序 *****************/
    for(i=0;i<=n-1;i++)
    {
      for(j=0;j<i;j++)
```

```
        if(a[j]>a[j+1]) {t=a[j];a[j]=a[j+1];a[j+1]=t;}
    }
/ ****************************************/
    printf("Aftere sorted:");
    for(i=0;i<10;i++)
    {
        printf("%4d",a[i]);
    }
    prtintf("\n");
    return 0;
}
```

2. 程序代码如下:

```
#include<stdio.h>
    int main() {
        int b[12]={};
        int i;
        for(i=0;i<12;i++) {
            scanf("%d",&b[i]);
        }
            for(i=0;i<12;i++) {
                printf("%d   ",b[i]);
                if ((i+1)%4==0) printf("\n");
                }
                return 0;
        }
```

3.程序代码如下

```
#include<stdio.h>
int main()
{
    int f[20]={1,1};
    int i;
        for(i=2;i<20;i++)
        {
            f[i]=f[i-2]+f[i-1];
        }
        for(i=0;i<20;i++)
        {
            printf("%d,",f[i]);
            if((i+1)%4==0) printf("\n");
        }
        return 0;
}
```

4. 程序代码如下:

```
#include <stdio.h>
int main()
{
    int i,j,a[6][6];
    for(i=0;i<=5;i++)
    {
        a[i][i]=1;
        a[i][0]=1;
    }
/****************杨辉三角形算法********************/
    for(i=2;i<=5;i++)
    {
        for(j=1;j<=i-1;j++)
        {
            a[i][j]=a[i-1][j]+a[i-1][j-1];
        }
    }
/**********************************************/
    for(i=0;i<=5;i++)
    {
        for(j=0;j<=i;j++)
        {
            printf("%4d",a[i][j]);
        }
        printf("\n");
    }
    return 0;
}
```

5. 程序代码如下:

```
#include <stdio.h>
int main()
{
    int a[5][5]={{5,6,7,8,9},{4,5,6,7,8},{3,4,5,2,1},{2,3,4,9,0},{1,2,5,4,8}};
    int i,j,col,row,Min,Max;

    for(i=0;i<5;i++)
    {
        Min=a[i][0];col=0;
        for(j=0;j<5;j++)
        {
            if(Min>a[i][j])
            {
                Min=a[i][j];
```

```
            col=j;
        }
    }
    Max=a[0][col];row=0;
    for(j=0;j<5;j++)
    {
        if(Max<a[j][col])
        {
            Max=a[j][col];
            row=j;
        }
    }
    if(row==i)
    printf("马鞍数是行%d,列%d  值:%d\n",row+1,col+1,a[row][col]);
    }
    return 0;
}
```

6. 程序代码如下:

```
#include <stdio. h>
#include <string. h>
int main()
{ char s[100];
    int i,j,n;
    printf("输入字符串:\n");
    gets(s);
    n=strlen(s);
    for(i=0,j=n-1;i<j;i++,j--)
        if(s[i]! =s[j])    break;
    if(i>=j)
        printf("是回文串\n");
    else
        printf("不是回文串\n");
        return 0;
}
```

7. 程序代码如下:

```
#include <stdio. h>
#include <string. h>
int main()
{  char   str[80],c;
    int   j,k;
    printf("\nEnter a string:");
        gets(str);
    printf("\nEnter a character:");
```

```
        ch = getchar( );
    for(j = k = 0;str[j]! = '\0';j++)
        if( str[j]! = c)      str[k++] = str[j];
        str[k] = '\0';
    printf(" \n%s",str);
        return 0;
}
```

第八章 >>>>

函 数 编 程

8.1 实验目的

1. 熟练掌握函数的定义和使用方法。
2. 熟练掌握调用函数与被调用函数之间的数据传递。
3. 掌握函数的返回值和类型。
4. 了解函数的嵌套调用和递归调用。

8.2 实验内容

【示例 8-1】输出以下的结果,用函数调用实现。操作步骤参照视频 8-1。

****

How do you do!

****

视频 8-1

【分析】

为什么用函数? 如果程序的功能比较多,规模比较大,把所有代码都写在 main 函数中,就会使主函数变得庞杂、头绪不清,阅读和维护变得困难。有时程序中要多次实现某一功能,就需要多次重复编写实现此功能的程序代码,这使程序冗长、不精炼。

解决的方法:

用模块化程序设计的思路在设计一个较大的程序时,往往把它分为若干个程序模块,每一个模块包括一个或多个函数,每个函数实现一个特定的功能。

解题思路:

在输出的文字上下分别有一行"*"号,显然不必重复写这段代码,用函数 print_star 来实现输出一行"*"号的功能。

再写一个 print_message 函数来输出中间一行文字信息。

用主函数分别调用这两个函数。

【代码】

```
#include <stdio. h>
void print_star( )
{
    printf(" ****************** \n");          // 函数 print_star( )输出一行" * "号。
}
```

```
void print_message( )
{
    printf(" How do you do!  \n");                    //函数 print_message( )输出一行文字信息
}
int main( )
{
    print_star( );                                   //调用 print_star( )函数
    print_message( );                                //调用 print_message( )函数
    print_star( );                                   //调用 print_star( )函数
    return 0;
}
```

运行结果如图 8-1 所示。

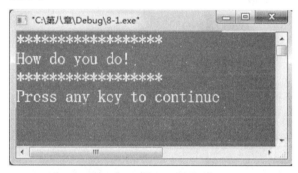

图 8-1　函数调用结果图

【说明】

在程序中,主函数中调用了 3 次函数,print_star 函数的作用是显示一行字符,它被调用了两次。print_message( )函数的作用是显示一行文字,它被调用了一次。程序的运行结果是两行字符中间有一行文字,很美观。如果觉得"＊"字符不好看,想显示两行"—"号,那么只要修改显示字符的函数,将所有的"＊"号替换成"—"号。这样修改一次,程序中只要显示字符行的地方都显示"—"号字符了。将上例的 print_star 函数变为如下内容。

```
void print_star( )
{   printf("------------------\n"); }
```

运行结果如图 8-2 所示。

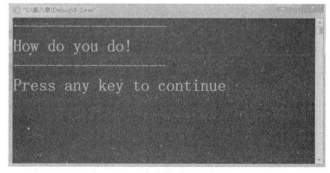

图 8-2　star( )函数结果图

如果不用函数,而用 3 条 printf( )语句也可以,但是在完成上述修改的时候,就要改两次才行。如果编写一个大程序,里面用到很多显示一行字符的功能,但是没有用函数,这样要完成上述修改,就要将所有的显示"＊"号的地方都找到,一个一个修改;如果用函数完成这个程序中的显示一行字符的功能,在进行前面的修改时,只要修改一次函数中的显示语句,整个程序的显示行就都变成"—"号了。可见使用函数对于程序员来说,是极大地减轻了管理程序的工作量。

【示例 8-2】定义一个函数,用于求两个数中的较大数。

【分析】

(1)函数名应是见名知意,今定名为 max。

(2)由于给定的两个数是整数,返回主调函数的值(即较大数)应该是整型。

(3)max 函数应当有两个参数,以便从主函数接收两个整数,因此参数的类型应当是整型。所以自定义的函数可写为:

```
int max(a,b)
{
    int a,b;
    if (a>b)
    return a;
    else
    return b;
}
```

第一行说明 max 函数是一个整型函数,其返回的函数值是一个整数。形参为 a,b。第二行说明 a,b 均为整型量。a,b 的具体值是由主调函数在调用时传送过来的。在"{}"中的函数体内,除形参外没有使用其他变量,因此只有语句而没有变量类型说明。上边这种定义方法称为传统格式。这种格式不易于编译系统检查,从而会引起一些非常细微而且难于跟踪的错误。ANSIC 的新标准中把对形参的类型说明合并到形参表中,称为现代格式。例如,max 函数用现代格式可定义为:

```
int max(int a,int b)
{
    if(a>b) return a;
    else return b;
}
```

现代格式在函数定义和函数说明(后面将要介绍)时,给出了形式参数及其类型,在编译时易于对它们进行查错,从而保证了函数说明和定义的一致性。在 max 函数体中的 return 语句是把 a(或 b)的值作为函数的值返回给主调函数。有返回值函数中至少应有一个 return 语句。

【代码】

```
#include <stdio. h>
int max( int a,int b)                    //自定义函数 max
{
    if( a>b) return a;                   //如果 a 大于 b,返回 a 到主函数
    else return b;                       //否则返回 b 到主函数
```

```
}
int main( )                              //主函数
{
    int x,y,z;                          //定义 3 个整型变量
    printf("input two numbers:\n");     //提示输入
    scanf("%d%d",&x,&y);                //输入实参 x,y 的值
    z=max(x,y);                         //调用 max 函数
    printf("max=%d",z);                 //输出最大值
    return 0;
}
```

运行结果如图 8-3 所示。

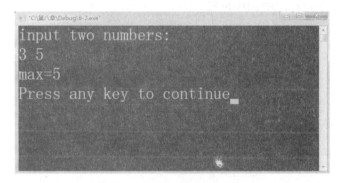

图 8-3　最大值函数运行结果图

【说明】

每个 C 程序都有一个主函数(main( )),且只有一个主函数。并且程序是从主函数开始执行的。调用 C 语言的标准函数通常要在程序开头使用包含命令 include,C 程序中的命令不用分号结尾。(有时 print 和 scanf 函数不需用该命令)

一个函数包含两个部分:

(1)函数的说明部分。包括函数名,函数类型,函数属性,函数参数名等。

如:int max(x,y)
　　　int x,y;

函数名后必须跟一对圆括弧,函数参数可以没有,如:main( )。

(2)函数体。函数说明部分下的大括弧,如果一个函数内有多个括弧,则最外一层为函数体范围。函数定义的一般形式分为无参函数和有参函数。

无参函数的一般形式为:

类型说明符　函数名( )
　{
　　　类型说明
　　　语句
　}

有参函数的一般形式:

类型说明符　函数名(形式参数表)

```
        型式参数类型说明
    {
        类型说明
        语句
    }
```

有参函数比无参函数多了两个内容,其一是形式参数表,其二是形式参数类型说明。在形参表中给出的参数称为形式参数,它们可以是各种类型的变量,各参数之间用逗号间隔。在进行函数调用时,主调函数将实参的值传递给这些形式参数。如上例 z = max(x,y)就是一个函数调用,并且在调用的过程中将实参 x,y 的值传递给形式参数 a,b。在传递的过程中,实参和形参在数量、类型、顺序上应严格一致,否则会发生"类型不匹配"的错误。

【示例 8-3】分析下列程序的调用过程。

```
#include <stdio. h>
    fun( int x)
    {
        if( x/2>0)
        fun( x/2) ;
        printf( " %d" ,x) ;
    }
    main( )
    {
        fun( 6) ;
    }
```

【说明】

第一次调用 fun( )函数,x = 6,执行 if(x/2>0)语句,满足条件执行 fun(3),因为满足 if 条件,执行 fun(1),不满足 if 条件,输出 1,然后将其返回去求第二个未完成的 if 后的 printf,输出 3,然后再执行 fun(6)的结果是 6。所以最后结果是 136。递归函数调用就是同一个函数的循环嵌套使用,需要求出最后一个嵌套函数的值,然后逆着输出每次函数的结果,运行结果如图 8-4 所示。

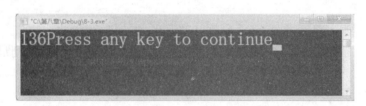

图 8-4　函数递归调用运行结果图

8.3　习题

1. 定义一个函数 judgeTrangle( ),用于判断三角形的三条边能否构成三角形,如果能,则判断是普通三角形、等腰三角形、还是等边三角形。

2. 编程实现函数的定义和调用,求 x 的 n 次幂。

要求:在 main 函数中需输入 x 和 n 的值,并把 x 和 n 以参数形式传给函数,在函数中计算 x 的 n 次幂,返回计算结果,最后在 main 中显示结果。

3. 写两个函数,分别求两个正数的最大公约数和最小公倍数,用主函数调用这两个函数并输出结果。两个正数由键盘输入。

4. 定义函数,对给出年、月、日计算该天是该年的第几天(可利用数组来实现)。

5. 写一个函数,求一个字符串的长度,在 main 函数中输入任意字符串,屏幕输出其长度。

6. 编写输入数据函数、排序(冒泡法、选择法)函数、输出函数,完成 10 个数据的输入、排序和输出,在主函数中进行测试。

7. 利用递归函数,对整数 6 输出其阶乘结果。

8.4　习题答案

1. 程序代码如下:

```
#include <stdio. h>
int judgeTrangle( int a,int b,int c);
int main( )
{
    int a,b,c,t;
    printf("输入三角形三边长:");
    scanf("%d%d%d",&a,&b,&c);
    t=judgeTrangle(a,b,c);
    switch(t)
    {
    case 0:printf("普通三角形! \n");break;
    case 1:printf("等腰三角形! \n");break;
    case 2:printf("等边三角形! \n");break;
    default:printf("不构成三角形! \n");break;
    }
    return 0;
}
/*
功能:判断三角形形状
返回值:-1,不构成三角形
        0,普通三角形
        1,等腰三角形
        2,等边三角形
*/
int judgeTrangle( int a,int b,int c)
{
    if(a+b>c && a+c>b && b+c>a)
    {
      if(a==b || b==c || a==c)
```

```
        {
            if( a = = b && b = = c && a = = c)
                return 2;
            else
                return 1;
        }
            else
                return 0;
    }
        else
        return-1;
}
```

2. 程序代码如下:

```
#include <stdio.h>
int pow_fun( int x, int n) ;
int main( )
{
    int xx, nn;
    printf( "计算 x 的 n 次幂:\n") ;
    scanf( "%d %d", &xx, &nn) ;
    printf( "%d 的%d 次幂的结果是:%d\n", xx, nn, pow_fun( xx, nn) ) ;
    return 0;
}
int pow_fun( int x, int n)
{
int result = 1, i;
for( i = 1; i< = n; i++)
{
    result = result * x;
}
    return result;
}
```

3. 程序代码如下:

```
#include <stdio. h>
int gct( int a, int b) ;
int lcm( int a, int b) ;
    int main( )
    {
        int num1, num2;
        printf( "please input two numbers:\n") ;
        scanf( "%d %d", &num1, &num2) ;
        printf( "%d,%d 的最大公约数是:%d\n", num1, num2, gct( num1, num2) ) ;
        printf( "%d,%d 的最小公倍数是:%d\n", num1, num2, lcm( num1, num2) ) ;
```

```
        return 0;
    }
    int gct(int a,int b)
    {
    int temp;
    while(b! =0)        //利用辗除法,直到 b 为 0 为止
    {
       temp=a%b;
       a=b;
       b=temp;
    }
    return a;
    }
    int lcm(int a,int b)
    {
    return a * b/gct(a,b);
    }
}
```

4. 程序代码如下:

```
#include <stdio. h>
int days(int year,int month,int day);
int main()
{
    int year,month,day,d;
    printf("请输入年、月、日:\n");
    scanf("%d %d %d",&year,&month,&day);
    d=days(year,month,day);
    printf("这天是%d 年的第%d 天\n",year,d);
    return 0;
}
int days(int year,int month,int day)
{
    int monthDays[12]={31,28,31,30,31,30,31,31,30,31,30,31};
    int d,i;
    d=day;
    if(month>2 &&(year%4==0 &&year %100! =0 || year%400==0))
    {
       monthDays[1]+=1;
    }
    for(i=0;i<month-1;i++)
    {
       d+=monthDays[i];
    }
    return d;
}
```

5. 程序代码如下:

```c
#include <stdio.h>
#include <string.h>
    int strLength(char a[]);
    int main()
    {
      char str[50];
      gets(str);
      printf("\"%s\" length is %d\n",str,strLength(str));
    return 0;
    }
    int strLength(char a[])
    {
      int i;
      i=0;
      while(a[i]! ='\0')
      {
        i++;
      }
      return i;
    }
```

6. 程序代码如下:

```c
#include <stdio.h>
#include <stdlib.h>

#define SIZE 10
void inputData(int a[],int n);          //数组数据赋值
void selectedSort(int a[],int n);       //选择排序
void bubbleSort(int a[],int n);         //冒泡排序
void outputData(int a[],int n);         //输出数据
int main()
{
    int a[SIZE];
    inputData(a,SIZE);
    outputData(a,SIZE);
    selectedSort(a,SIZE);
    bubbleSort(a,SIZE);
    outputData(a,SIZE);
    return 0;
}
void inputData(int a[],int n)
{
    int i;
    printf("请输入%d 个整数:\n",n);
```

```
    for(i=0;i<n;i++)
      scanf("%d",&a[i]);
}
void selectedSort(int a[],int n)           //选择排序
{
    int i,j,t;
    for(i=0;i<n-1;i++)
    {
      for(j=i+1;j<n;j++)
      {
        if(a[j]>a[i])
        {
          t=a[j]; a[j]=a[i]; a[i]=t;
        }
      }
    }
}
void bubbleSort(int a[],int n)             //冒泡排序
{
    int i,j;
    for(i=0;i<n-1;i++)
    {
      for(j=0;j<n-i-1;j++)
      {
        if(a[j]>a[j+1])
        {
          int t=a[j];a[j]=a[j+1];a[j+1]=t;
        }
      }
    }
}
void outputData(int a[],int n)
{
    int i;
    printf("数组为:\n");
    for(i=0;i<n;i++)
    {
      printf("%d ",a[i]);
    }
    printf("\n");
}
```

7. 程序代码如下:

```
#include <stdio. h>
    int fac(int n);
```

```
int main( )
{
    int n,m;
    n=6;
    m=fac(n);
    printf("%d! =%d\n",n,m);
    return 0;
}
int fac(int n)
{
    if(n==1)return 1;
    else return n*fac(n-1);
}
```

第九章

结　构

9.1　实验目的

1. 掌握结构体变量的定义、引用和初始化方法。
2. 掌握结构的简单嵌套应用。
3. 掌握结构数组的定义和引用。

9.2　实验内容

1. 调试示例

【示例9-1】定义一个包含学生学号、姓名、数学成绩、英语成绩的结构体,同时初始化,将信息输出到屏幕,调试运行。

【分析】

首先定义一个名为 student 的结构体类型 struct student,在这个结构体中包含4个成员,分别定义为:学号:char num[5];姓名:char name[10];数学成绩:int math;英语成绩:int English。之后定义两个属于 struct student 类型的变量 stu1、stu2,并对这两个变量进行初始化,最后用printf()函数输出。

【代码】

```
#include <stdio.h>
int main()
{
struct student
{
char num[5];
char name[10];
    int English,math;
};
struct    student    stu1 = {"S001","James",90,85};
struct    student    stu2 = {"S002","Yao Ming",90,95};
printf("%s,%s,%d,%d\n",stu1.num,stu1.name,stu1.English,stu1.math);
printf("%s,%s,%d,%d\n",stu2.num,stu2.name,stu2.English,stu2.math);
return 0;
}
```

【说明】

结构 struct student 定义结束的"}"后需加";"。由于不同于数组,结构可以包含不同数据类型的结构变量,所以在初始化 stu1 时,不同类型的常量有不同的表达,比如字符串需在前后加双引号。在输出时引用结构常量不要忘记成员运算符"."。最后输出的结果如图 9-1 所示。

图 9-1 【示例 9-1】运行结果

【示例 9-2】对上面的程序进行修改,将结构体定义放在主函数外面,定义如下:

```
#include <stdio.h>
struct student
{
char num[5];
char name[10];
int English,math;
};
int main()
{
struct    student    stu1={"S001","James",90,85};
struct    student    stu2={"S002","Yao Ming",90,95};
printf("%s,%s,%d,%d\n",stu1. )
}
```

当接下来再输入 stu1. 后,屏幕显示如图 9-2 所示。操作步骤参照视频 9-1。

系统将自动显示结构体中的域名,鼠标双击选择即可。

视频 9-1

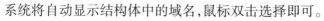

图 9-2 域名显示窗口

练习:建立职工的档案信息,其中包含职工的编号、姓名、基本工资、奖金、保险、水电费、实发工资。为职工信息定义一个结构类型。

2. 程序填空题

【示例 9-3】定义一个包含学生学号、姓名和高数、英语、计算机成绩的结构体,要求用户输入相应数据,计算该学生总成绩,并且输出到屏幕。

【分析】

首先应确定结构体成员:学号:char num[5];姓名:char name[10];高数:int math;英语:int English;计算机:int computer。然后对结构变量用 scanf( )函数进行赋值,学号可以是 001 的形式,也可以 S001;姓名自拟,高数、英语和计算机成绩是百分制,接着引用结构体计算总成绩,最后再用 printf( )函数输出。

【代码】

```
#include <stdio. h>
#define N 5
#define M 10
int main( )
{
struct student
{
char num[N];
char name[M];
int English,math,computer,sum;
};
struct student stu1;
printf("请顺序输入学生的学号,姓名,英语成绩,高数成绩,计算机成绩\n");
scanf("%s%s%d%d %d",stu1. num,stu1. name,&stu1. English,&stu1. math,&stu1. computer);
stu1. _____ =stu1. _____ + stu1. _____ +stu1. _____ ;    //计算总成绩
printf("%s 的总成绩是%d \n", stu1. name, stu1. sum);
return 0;
}
```

【说明】

在使用输入函数 scanf( )时需要注意格式控制说明符的正确使用,字符数组作为参数时前面不用加"&"。输出结果如图 9-3 所示。

图 9-3 【示例 9-3】运行结果

【示例 9-4】定义一个反映学生学号、姓名和高数、计算机成绩和总成绩的结构体,使用结构体数组对 5 个学生中的 2 个进行初始化,另外 3 个学生采用用户输入数据的方式进行信息采集,然后统计 5 名学生的总成绩,最后输出到屏幕。

【分析】

定义学生信息结构体,由于学生数目较多,所以采用结构数组来存放;应用 sum 结构变量来存放最后的总成绩,由于采用结构数组,所以无论输入、计算、输出都采用循环结构。

【代码】

```
#include <stdio. h>
```

```
int main( )
{
/ *****************学生信息结构体定义 ***************/
struct student
{
    char num[5];
    char name[10];
    float english,computer,math,sum;
};
/ *******************************************/
struct student stu[5]={{"S001","zhang",95,75,60,0},{"S002","li",70,90,99,0}};
int i;
/ ****************输入后3个学生信息 **************/
for(i=2;i<_____;i++)
{
scanf("%s%s%f%f%f",stu[i].num,stu[i].name,&stu[i].english,&stu[i].computer,&stu[i].math);
}
/ ***************计算5个学生的总成绩 **************/
for(i=0;i<_____;i++)
{
stu[i].sum=stu[i]._____+stu[i]._____+stu[i]._____;
}
/ ****************输出学生信息 *************/
for(i=0;i<_____;i++)
{
    printf("%s 的总成绩是%f\n",stu[i].name,_____);
}
    return 0;
}
```

【说明】

结构数组的初始化和数组的差不多,用"{}"将一组数据括起来,数据与数据之间用","隔开;使用 scanf( )函数时应注意字符数组参数前不用加"&";统计总成绩采用结构数组的方式特别方便快捷,运行结果如图 9-4 所示。

图 9-4 【示例 9-4】运行结果

3. 编程题

【示例 9-5】按照表 9-1 格式定义一个结构体,并为 3 名学生输入信息(不包括总分),通过公式"平均分=(数学+英语+政治)/3. 0"计算每个同学的平均分,按照平均分降序输出学生序号、姓名和平均分的信息。

表 9-1 学生成绩表

序号	姓名	数学	英语	政治	平均分
num	name	math	engl	poli	ave
整型	字符串数组	实型	实型	实型	实型

【分析】

先对学生结构体进行定义,如表 9-1 所示,然后声明结构变量,循环调用输入函数让用户输入数据,然后进行平均成绩的计算,并进行比较,最大的最先输出,最小的最后输出。

定义一个学生信息结构体,采用结构体嵌套,要求完成 1 个学生信息的输入和输出,包含信息如表 9-2 所示。

表 9-2 学生信息表

学号	姓名	籍贯			性别
		省	市	区	
num	name	prov	city	area	sex
整型	字符串数组	字符串数组	字符串数组	字符串数组	字符串数组

【分析】

结构的嵌套定义,首先应定义出小结构"struct home{......};",包括省、市、区,然后再定义大结构"struct student{......};"包含学号、姓名、"struct home h_town;"和性别。输入和输出是引用结构变量可以用"stu1. h_town. city"的方法。

9.3 习题

一、选择题

1. 设有以下说明语句:

```
struct ex
{ int x;
float y;
char z;} example;
```

下面的叙述中不正确的是( )。

A. struct ex 是结构类型   B. example 是结构类型名

C. x,y,z 都是结构成员名   D. struct 是结构类型的关键字

2. 能够逐个访问结构成员的运算符是(　　　)。

    A. ","   B. "."   C. ":"   D. ";"

3. 以下对结构体类型变量 td 的定义中,错误的是(　　　)。

```
A.    struct    aa              B.    struct    aa
      {                               {
        int    n;                       int    n;
        float  m;                       float  m;
      };                              } td;
      struct aa td;
```

```
C.    struct                    D.    struct
      {                               {
        int    n;                       int    n;
        float  m;                       float  m;
      } td;                           } aa;
                                      struct    aa td;
```

4. 已知学生记录描述如下:

```
struct student
{
int no;
char name[20];
char sex;
struct
{
  int year;
  int month;
  int day;
} birthday;
} s;
```

设变量 s 中的"生日"是"1984 年 11 月 11 日",下列对"生日"的正确赋值方式是(　　　)。

    A. year = 1984; month = 11; day = 11;

    B. birthday. year = 1984; birthday. month = 11; birthday. day = 11;

    C. s. year = 1984; s. month = 11; s. day = 11;

    D. s. birthday. year = 1984; s. birthday. month = 11; s. birthday. day = 11;

5. 有如下定义:

```
struct person
{
  char name[9];
  int age;
};
struct person class[10] = {"Johu",17,"Paul",19,"Mary",18,"Adam",16};
```

根据上述定义,能输出字母 M 的语句是(　　　)。

    A. printf("%c\n",class[3].name);

    B. printf("%c\n",class[3].name[1]);

    C. printf("%c\n",class[2].name[1]);

    D. printf("%c\n",class[2].name[0]);

二、填空题

1. 定义以下结构体数组:

```
struct c
    {
      int x;
      int y;
    }s[2]={1,3,2,7};
```

语句 printf("%d",s[0].x * s[1].x)的输出结果为_____。

2. 定义以下结构体数组:

```
struct date
  {
    int year;
    int month;
    int day;
    };
struct s
{
    struct date birthday;
    char name[20];
} x[4]={{2008,10,1,"guangzhou"},{2009,12,25,"Tianjin"}};
```

语句 printf("%s,%d",x[0].name,x[1].birthday.year);的输出结果为_____。

3. 根据下面的定义,能输出 Mary 的语句是_____。

```
struct person
  {
    char name[9];
   int age;
   };
struct person c[4]={"John",17,"Paul",19,"Mary",18,"Adam",16};
```

4. 下列程序输入并保存 10 个学生的信息,计算并输出平均分,请填空。

```
#include <stdio.h>
struct student
    {
    int num;
    char name[20];
```

```
    int score;
};
int main()
{
    int i,sum=0;
    _____;
    for(i=0;i<10;i++)
    {
        printf("No%d:",i+1);
        scanf("%d%s%d",&stud[i].num,_____,&stud[i].score);
        sum=sum+stud[i].score;
    }
    printf("average:%d\n",sum/10);
    return 0;
}
```

三、程序设计题

1. 从键盘输入一个学生的姓名和成绩,然后输出。要求使用结构体类型处理学生姓名和成绩。

2. 商品信息包含编号、名称、单价、生产日期、厂家名称等,编程实现从键盘输入电视机、电冰箱、洗衣机的信息,并输出显示。

3. 用结构体存放下表中的数据,然后输出每人的姓名和实发工资(基本工资+浮动工资-支出)。

姓名	基本工资(元)	浮动工资(元)	支出
Li	2200.00	3000.00	900.00
Xia	3700.00	1800.00	600.00
Wang	6200.00	2000.00	700.00

4. 编一个程序,输入 10 个职工的编号、姓名、基本工资、职务工资,求出其中"基本工资+职务工资"最少的职工姓名并输出。

5. 定义一个结构变量(包含年、月、日)。计算该日在本年中是第几天?注意闰年问题。

9.4 习题答案

一、选择题

1. B   2. B   3. D   4. D   5. D

二、填空题

1. 2   2. guangzhou,2009   3. printf("%s",c[2].name);

4. struct student stud[10];   stud[i].name

三、程序设计题

1. 程序代码如下：

```
#include <stdio. h>
int main( )
{
    struct student
        {
            char name[10];
            float score;
        };
    struct student st;
    scanf("%s%f",st. name,&st. score);
    printf("%s %f",st. name,st. score);
    return 0;
}
```

2. 程序代码如下：

```
#include <stdio. h>
int main( )
{
    struct product
        {
        char num[10];
        char name[10];
        float price;
        char date[8];
        char company[10];
        };
    struct product prd;
    int i;
    for(i=1;i<=3;i++)
    {
    scanf("%s%s%f%s%s",prd. num,prd. name,&prd. price,prd. date,prd. company);
    printf("%s %s %f %s %s\n",prd. num,prd. name,prd. price,prd. date,prd. company);
    }
    return 0;
}
```

3. 程序代码如下：

```
#include <stdio. h>
int main( )
{
    struct staff
```

```
    {
    char name[10];
    float gbgz;
    float fdgz;
    float zc;
    float sfgz;
    };
struct staff stf;
int i;
for(i=1;i<=3;i++)
{
scanf("%s%f%f%f",stf.name,&stf.gbgz,&stf.fdgz,&stf.zc);
stf.sfgz=stf.gbgz+stf.fdgz-stf.zc;
printf("%s %f \n",stf.name,stf.sfgz);
}
return 0;
}
```

4. 程序代码如下:

```
#include <stdio.h>
#include <string.h>
int main()
{
    struct staff
        {
        char num[10];
        char name[10];
        float gbgz;
        float zwgz;
        };
    struct staff stf;
    int i;
    float sfgz,min;
    char minname[10];
    scanf("%s%s%f%f",stf.num,stf.name,&stf.gbgz,&stf.zwgz);
    sfgz=stf.gbgz+stf.zwgz;
    min=sfgz;strcpy(minname,stf.name);
    for(i=1;i<=2;i++)
    {
    scanf("%s%s%f%f",stf.num,stf.name,&stf.gbgz,&stf.zwgz);
    sfgz=stf.gbgz+stf.zwgz;
    if(sfgz<min) {
                min=sfgz;strcpy(minname,stf.name);
                }
    }
```

```
        printf("%s %f \n",minname,min);
        return 0;
}
```

5. 程序代码如下:

```
#include<stdio. h>
    struct Date
    {
        int year;
        int month;
        int day;
    };
int main( )
{
    struct Date p;
    int a[12]={31,28,31,30,31,30,31,31,30,31,30,31};
    int sum,i;
        scanf("%d%d%d",&p. year,&p. month,&p. day);
        sum=p. day;
        printf("%d\n",sum);
                for(i=0;i<p. month-1;i++)
                sum+=a[i];
    if(((p. year%4==0&&p. year%100! =0)||p. year%400==0)&&p. month>2)
        printf("该日是在%d 年中的第%d 天", p. year,sum+1);
    else
    printf("该日是在%d 年中的第%d 天",p. year,sum);
    return 0;
}
```

第十章 >>>>

指　　针

10.1　实验目的

1. 掌握指针变量的定义和引用。
2. 掌握指针与变量的程序设计方法。
3. 掌握指针与数组的程序设计方法。
4. 掌握指针与字符串的程序设计方法。
5. 掌握指针与函数的程序设计方法。

10.2　实验内容

1. 调试示例

【示例 10-1】已知 char a;、int x;、float p,q;而且 a=' A ';、x=125;、p=10.25;、q=18.75;编写程序显示变量 a、x、p、q 的值及其地址。

【分析】

使用运算符 &,地址输出采用%u 格式(因为内存地址是无符号的整数)。

【代码】

```
#include <stdio. h>
int main( )
{
char a=' A ';
int x=125;
float p=10.25;
double q=18.75;
printf("a=%c    address=%u\n",a,&a);
printf("x=%d    address=%u\n",x,&x);
printf("p=%.2f    address=%u\n",p,&p);
printf("q=%.2f    address=%u\n",q,&q);
return 0;
}
```

【说明】

运行结果如图 10-1 所示。从图中可以看出,声明后的每一个变量都根据自己的数据类型分配了相应的内存空间,每个空间都有自己的地址,空间是由地址进行管理的,每个空间内存储着相应的变量值。

图 10-1 【示例 10-1】运行结果

【示例 10-2】已知 int ∗p,sum,i;、int x[5]={5,9,6,3,7};编写程序,使用指针来计算数组中所有元素的总和。

【分析】

用指针访问数组,指针从数组的第一个下标开始访问,用间接访问符"∗"读出数组中的数并加到变量 sum 中去,关键语句:sum=sum+∗p;以及 p++。

【代码】

```
#include <stdio. h>
int main( )
{
int  ∗p,sum=0,i;
int x[5]={5,9,6,3,7} ;
    p=x;                    //也可以 p=&x[0];
    for(i=1;i<=5;i++)
    {
    sum=sum+∗p;
    p++;
    }
    printf("sum=%d\n",sum);
    return 0;
}
```

【说明】

将数组的首地址 &x[0]赋值给指针 p,也可以直接用 p=x;循环次数为 5 次,和数组长度相同,每循环一次 p 指针就向后移动一个,使用 p++。用 sum 来保存总和并输出,结果如图 10-2所示。

图 10-2 【示例 10-2】运行结果

【示例 10-3】输入 2 个字符,比较两个字符 a、b 的大小。应用指针变量做函数参数实现。

【分析】

需定义 2 个字符串数组 a[ ]和 b[ ]来存储输入的字符串,把 2 个指针分别指向数组,输入后将指针作为参数调用函数 sub ( ),函数判断大小并返回相应的数值,根据数值输出比较结果。

【代码】

```c
#include <stdio.h>
int main()
{
    char a[1], b[1], *p, *q;
    int  i;
    int sub(char *s, char *t);
    p=a; q=b;
    printf("请输入字符 a 和 b\n");
    scanf("%s%s",a,b);
    i=sub(p,q);
    if(i==1)
        printf("a<b\n");
    if (i==0)
        printf("a=b\n");
    if(i==-1)
        printf("a>b\n");
    return(0);
}
int sub(char *s, char *t)
{
if(*s<*t)return(1);
else if(*s==*t)return(0);
        else return(-1);
}
```

【说明】

在程序中指针 p 指向 a,q 指向 b,调用 sub() 函数时,用指针作为参数,不用加"＊",直接用"sub(p,q)"方式即可。而在定义"sub(char ＊s, char ＊t)"函数时需要在参数前加"＊"。比较后的结果如图 10-3 所示。

图 10-3 【示例 10-3】运行结果

2. 程序填空题

【示例 10-4】定义变量 int a;、float b;、double c; 和相应的指针,并使用指针变量进行数据的输入和输出以及相应变量地址的输出。

【分析】

4 个变量都有不同的数据类型,所以相应的指针类型也不同,需要定义 4 个指针变量

int ＊p；、float ＊q；、double ＊m；输入数据时应注意指针和变量的不同。

【代码】

```
#include <stdio. h>
int main( )
{
int a, ＊p;
float b, ＊q;
double c, ＊m;
p=&a;  q=&b;  m=&c;
printf("请顺序输入 int,float,double 类型的数据\n");
scanf("%d%f%lf",p,q,m);            //输入时指针不用 &
printf("%d  %u\n", ＊p,p);          //输出时需要加间接地址访问符 ＊
printf("%.2f  %u\n", ＊q,q);
printf("%.4f  %u\n", ＊m,m);
return 0;
}
```

【说明】

利用指针的形式将数据输入输出时应注意 scanf( )函数的参数是变量的地址,通常是需要取地址符"&"的,而指针中存的恰巧就是地址,所以不加"&",而在输出函数中,若使用指针输出数据则需要加间接访问符"＊";由于地址是无符号整数,所以输出时用格式控制说明符"%u",最后结果如图 10-4 所示。

图 10-4　【示例 10-4】运行结果

【示例 10-5】用指针方法编写程序,输入 3 个整数,找到其中最小值并且输出到屏幕。

【分析】

比较 3 个数 a、b、c 的大小,用指针 ＊min 存储最小的变量的地址,比较后输出其值。操作步骤参照视频 10-1。

视频 10-1

【代码】

```
#include <stdio. h>
int main( )
{
int a,b,c, ＊min ;
printf("请输入 3 个整数:\n");
scanf("%d%d%d",&a,&b,&c) ;
    min=&a ;
if ( ＊min>=b)
```

```
        min=&b ;
    else if( * min>=c)
        min=&c ;
    printf("min=%d\n", * min);
        return 0;
}
```

【说明】

指针变量 * min 代替了普通变量用来保存比较后的较小的变量的地址。比较后 min 中存储的是最小的变量的地址,结果如图 10-5 所示。

图 10-5 【示例 10-5】运行结果

【示例 10-6】自定义函数,求一个字符串的长度。在 main 函数中输入字符串,并输出其长度。

【分析】

自定义函数,用来计算字符串的长度,首先函数返回一个 int 型的值,参数为字符数组首地址,循环长度计数变量 n,当指针所指字符为'\0 '时,停止循环,将计数值 n 返回。

【代码】

```
#include<stdio. h>
int main( )
{
    int len;
    char str[50];
    int length(char * p);
    printf("Input string:");
    scanf("%s",str);
    len=length(str);                //调用函数求实参字符串的长度
    printf("The length of string is %d\n",len);
    return 0;
}
int length(char * p)                //此函数返回以 p 为首地址的字符串长度
{
    int n;
    n=0;
    while( * p! ='\0')              //当串未结束时
    {
        n++;                       //计数
        p++;                       //指针指向下一个字符
    }
```

```
    return(n);
}
```

【说明】

调用指针变量做参数的函数时,通常不加" * ",定义时需加;判断字符串是否结束用作为循环的条件,n 是计数器,所以每次调用都要清零,结果如图 10-6 所示。

图 10-6 【示例 10-6】运行结果

3. 打印结果题

【示例 10-7】上机运行下列程序,并打印其结果。

```
#include<stdio. h>
int main( )
{
int x=2,y=10,z, * p;
z=x+y;
p=&x;
printf(" %d\n" , * p);
p=&y;
printf(" %d\n" , * p);
p=&z;
printf(" %d\n" , * p);
return 0;
}
```

输出结果:_____。

【示例 10-8】上机运行下列程序,并打印其结果。

```
#include<stdio. h>
int main( )
{
char  * a[5];
int x;
a[0]=" DOG" ;
a[1]=" CAT" ;
a[2]=" COMPUTER" ;
a[3]=" WELCOME" ;
a[4]=" DATA" ;
for(x=0;x<=4;x++)
printf(" %s\n" , * (a+x));
return 0;
}
```

输出结果：＿＿＿＿＿＿＿。

【示例 10-9】上机运行下列程序,并打印其结果。

```c
#include<stdio.h>
int main()
{
static int a[]={1,2,3,4,5};
int *p=a;
printf("%d\n",*p++);
printf("%d\n",*p--);
p=a+2;
printf("%d %d %d\n",*p,*(p+1),*(p+2));
return 0;
}
```

输出结果：＿＿＿＿＿＿＿。

【示例 10-10】上机运行下列程序,并打印其结果。

【代码】

```c
#include<stdio.h>
void test(int *int_p)
{
*int_p=200;
}
int main()
{
int i=151,*p=&i;
printf("i before the call to test=%d\n",i);
test(p);
printf("i after the call to test=%d\n",i);
return 0;
}
```

输出结果：＿＿＿＿＿＿＿。

【示例 10-11】上机运行下列程序,并打印其结果。

【代码】

```c
#include<stdio.h>
int main()
{
int add(int *q,int n);
static int a[]={1,2,3,4,5,6,7,8,9,10};
int *p,t;
p=&a[1];
t=add(p,10);
printf("t=%d\n",t);
return 0;
```

```
}
int add( int  * q,int n)
{
int i,s = 0;
for( i = 0;i<n;i = i+2,q = q+2)
s = s+ * q;
return( s) ;
}
```

输出结果: _____。

10.3　习题

一、选择题

1. 若有定义 int x, * p;,则以下正确的赋值表达式是(　　)。

A. p = &x;　　　　B. p = x;　　　　C. * p = &x;　　　　D. * p = * x;

2. 执行下列程序段后,printf("%c", * (p+5))的值为(　　)。

```
char   str[ ] = "Hello" ;
char * p;
p = str;
```

A. ' o '　　　　B. '\0 '　　　　C. 不确定的值　　　　D. ' o '的地址

3. 有说明"int a[10] = {1,2,3,4,5,6,7,8,9,10}, * p = a;",则数值为 9 的表达式是(　　)。

A. * p+9　　　　B. * (p+8)　　　C. * p+ = 9　　　　D.p+8

4. 有如下程序段:

```
int * p,a = 10,b = 1;
p = &a;
a = * p+1;
```

执行该程序段后,a 的值为(　　)。

A. 12　　　　B. 11　　　　C. 10　　　　　　D. 编译出错

5. 若有定义:int a[ ] = {1,2,3}, * p, * q;执行以下程序段后,p 和 q 所指向的单元的内容分别是(　　)。

```
p = a+1; q = p++;
```

A. (* p) = 1,(* q) = 2　　　　B. (* p) = 2,(* q) = 3

C. (* p) = 3,(* q) = 2　　　　D. 以上都不是

二、填空题

1. 有如下程序:

```
int * p,a = 10,b = 1;
```

p=&a; a= * p+b;

该程序的输出结果是_____。

2. 有如下程序：

```c
#include <stdio. h>
int main( )
{
    char s[ ] = "ABCD", * p;
    for(p=s+1; * p! = '\0';p++)
    printf("%s\n",p);
    return 0;
}
```

该程序的输出结果是_____。

3. 有如下程序：

```c
#include <stdio. h>
int main ( )
{   int a=1, b=2;
    int * p1 = &a, * p2 = &b, * pt;
    pt=p1;      p1=p2;      p2=pt;
    printf ("a=%d, b=%d, * p1=%d, * p2=%d\n", a, b, * p1, * p2);
    return 0;
}
```

该程序的输出结果是_____。

4. 以下程序运行后,如果从键盘上输入 book<回车>,read<回车>则输出结果为_____。

```c
#include "stdio. h"
#include "string. h"
int main( )
{ char a1[80],a2[80], * s1=a1, * s2=a2;
    gets(s1); gets(s2);
    if(! strcmp(s1,s2)) printf(" * ");
    else printf("#");
    printf("%d\n",strlen(strcat(s1,s2)));
    return 0;
}
```

5. 有如下程序段：

```c
int c[ ] = {1,7,12};
int * k;
k=c;
printf("next k is %d", * ++k);
```

该程序的输出结果是_____。

三、程序设计题

1. 输入 3 个整数,按由小到大的顺序输出。

2. 输入 2 个字符串,按由小到大的顺序输出。

3. 输入一行文字,统计其中大写字母、小写字母、空格、数字以及其他字符的个数。

4. 判断输入的一串字符是否为"回文"。所谓"回文"是指顺读和倒读都一样的字符串,如"xyzyx"和"xyzzyx"。

5. 在主函数中输入 10 个等长字符串,用另一函数对它们排序,然后在主函数中输出这 10 个已排好序的字符串。

10.4　习题答案

视频 10-2

一、选择题

(解答参照视频 10-2)　　1. A　2. B　3. B　4. B　5. C

二、填空题

1. 11　　2. BCD　　3. a = 1, b = 2, * p1 = 2, * p2 = 1　　4. #8　　5.
next k is 7
　　　　　　　　　　　　CD
　　　　　　　　　　　　D

三、程序设计题

1. 程序代码如下:

```
#include <stdio. h>
int main ( )
{
    int a[3],i,j,k,temp, * p;
    printf("请输入 3 个数\n");
    for(i=0;i<3;i++)
    scanf ("%d",&a[i]);
    p=a;
    for(i=0;i<2;i++ )
    {
      k=i;
      for(j=i+1;j<3;j++)
      {
      if( * (p+j)< * (p+k))
        k=j;
      if(k! =i)
      {
      temp= * (p+k); * (p+k)= * (p+i); * (p+i)=temp;
```

```
        }
      }
    }
    for (i=0 ; i<3 ; ++i )
        printf ("%d ",a[i]);
    return 0;
}
```

2. 程序代码如下:

```
#include <stdio. h>
#include <string. h>
int main( )
{
char a[10],b[10],t[10], * pa, * pb, * pt;
gets(a); gets(b);
pa=a;pb=b;pt=t;
if(strcmp(pa,pb)>0)
{
strcpy(pt,pa);    strcpy(pa,pb);    strcpy(pb,pt);
}
puts(pa);puts(pb);
return 0;
}
```

3. 程序代码如下:

```
#include <stdio. h>
#include <string. h>
int main( )
{
char str[40], * p;
int a=0,b=0,c=0,d=0,e=0;
gets(str);
p=str;
while( * p! ='\0')
{
if( * p>='A '&& * p<='Z ')
    a++;
  else if( * p>='a '&& * p<='z ')
              b++;
  else if( * p>='0 '&& * p<='9 ')
            c++;
  else if( * p==' ')
              d++;
  else
```

```
        e++;
    p++;
}
printf("a=%5d\nb=%5d\nc=%5d\nd=%5d\ne=%5d\n",a,b,c,d,e);
return 0;
}
```

4. 程序代码如下：

```
#include<stdio.h>
#include<string.h>
int main()
{
char str[30], *p=str;
int i,j;
printf("input a string:\n");
gets(str);
j=strlen(p)-1;
for(i=0;i<strlen(p)/2;i++,j--)
if( *(p+i)! = *(p+j))
    {
    printf("该字符串不是回文串\n");
return 0;
    }
    printf("该字符串是回文串\n");
}
```

5. 程序代码如下：

```
#include<stdio.h>
#include<string.h>
int main()
{
void sort(char p[10][100]);
char a[10][100];
printf("请输入 10 个字符串:");
for(int i=0;i<10;i++)
    scanf("%s",(a+i));
    sort(a);
    printf("排序后字符串为:\n");
for(int j=0;j<10;j++)
printf("%s\n", *(a+j));
return 0;
}
void sort(char p[10][100])
{char temp[100];
    for(int i=0;i<10;i++)
    {
```

```
    for(int j=0;j<10-i;j++)
    {
        if(strcmp(p[j],p[j+1])>0)
        {strcpy(temp,p[j]);    strcpy(p[j],p[j+1]);    strcpy(p[j+1],temp);
        }
    }
    }
}
```

第十一章 >>>>

文　件

11.1　实验目的

1. 掌握 C 语言的文件概念和文件读写函数的使用。
2. 学会建立磁盘文件,进行数据文件的读写操作。
3. 能熟练运用 C 语言到文件处理函数。
4. 能编写一般的文件处理类程序。

11.2　实验内容

文件的基本概念、分类及基本操作参照视频 11-1。

视频 11-1

1. 调试示例

【示例 11-1】从键盘输入一行字符,写到文件 a. txt 中。调试程序,填写注释,查看结果。

【分析】

要输入字符可以使用 getchar( )函数,直到输入'\n '停止。将输入的字符逐个写到文件 a. txt 中,就需要文件指针 FILE ＊fp 打开文件;而写入文件 a. txt 则采用"w"方式,建立新文件并只写操作,写字符入文件使用函数 fputc( )。

【代码】

```
# include<stdio. h>
int main( )
{
    char ch;
    FILE ＊fp;                      //写入注释_____
    if ( ( fp = fopen( " a. txt" ," w") ) = = NULL)
    {
        printf( " cannot open file\n" ) ;
        exit(0) ;
    }
    while( ( ch = getchar( ) )! = '\n ')   //写入注释_____
    {
        fputc( ch, fp) ;               //写入注释_____
    }
```

```
    if ( fclose( fp) )
        printf("file close error! \n");
    return 0;
}
```

【说明】

需要注意文件指针变量的类型是 FILE,全大写字母;在选择文件读写方式时要注意,如果像本题一样选择"w"方式,每次执行程序就要新建一个 a. txt 文件以覆盖原有的文件;fputc( )函数中的两个参数,前一个是 char 类型的变量,后一个是文件指针。运行结果如图 11-1 所示,创建的文件内容如图 11-2 所示。

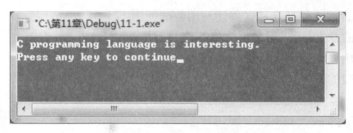

图 11-1 【示例 11-1】程序运行结果

【示例 11-2】将一串字符串写到 a. txt 文件中,如果该文件不存在,则创建它。调试程序,填写注释,查看结果。

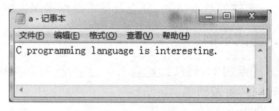

【分析】

字符串采用数组指针方式存储,写入文件以'\0 '为结束标志位。

图 11-2 【示例 11-1】创建的文件内容

【代码】

```
#include<stdio. h>
int main( )
{
    FILE  * fp;
    char * mystr, * temp;           //写入注释_____
    fp = fopen("a. txt", "w+");      //写入注释_____
    mystr = "独立宣言:THE DECLARATION OF INDEPENDENCE"
            "\n Rirst Draft"
            "\n When, in the course of human events, it becomes necessary for a people to"
            "\n advance from that subordination in which they have hitherto remained,"
            "\n and to assume among the powers of the earth,"
            "\n the separate and equal station to which the laws of nature and of nature 's god"
            " \n entitle them,"
            "\n a decent respect to the opinions of mankind requires that they should declare the"
            "\n causes which impel them to the change... \n 文件写入成功!";
    temp = mystr;                   //写入注释_____
    while( * temp ! = '\0 ')
    {
```

```
        fputc( * temp, fp);
        temp++;                        //写入注释_____
    }
    if( ! fclose(fp))
            printf("文件写入成功! \n");
    return 0;
}
```

【说明】

对于指定位置的文件打开时需要加根目录以及路径,如果不加就会在工程文件建立新文件。在文件成功关闭后显示文件写入成功作为提示。程序运行结果如图 11-3 所示,创建的文件内容如图 11-4 所示。

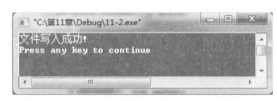

图 11-3 【示例 11-2】程序运行结果

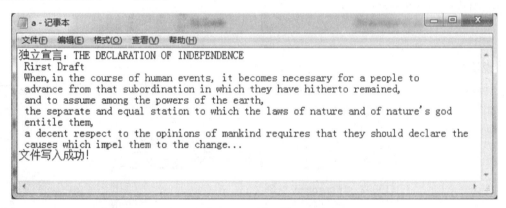

图 11-4 【示例 11-2】创建的文件内容

【示例 11-3】以文本方式建立初始数据文件 a. txt,请输入 5 个学生的学号、姓名及考试成绩,形式如下。操作步骤参照视频 11-2。

30010	YaoMing	80
30011	James	90
30012	Jordan	75

⋮

读入 a. txt 中的数据,并把它们输出到屏幕。

视频 11-2

【分析】

在文件夹"c:\第 11 章"中创建文本文件 a. txt,输入数据准备由程序读取,使用函数 fscanf( )将文件中的数据读入到程序中相应的变量中,然后再用 printf( )函数将这些数据输出即可。

【代码】

```
# include "stdio. h"
int main( )
{
    int num;
```

```
        char name[20];
        int   score;
        FILE  * fp;
        if((fp=fopen("a.txt","r"))==NULL)
        {
            printf("File open error! \n");
            exit(0);
        }
        while(! feof(fp))                                    //写入注释_____
        {
            fscanf(fp, "%ld%s%d",&num,name,&score);          //写入注释_____
            printf("%ld    %s    %d \n",num,name,score);     //写入注释_____
        }
        if(fclose(fp))
            printf("file close error! \n");
        return 0;
    }
```

【说明】

在读取文件时用"feof(fp)"函数来判断是否已经读到文件尾部,如果是则返回 true。文件 a. txt 如图 11-5 所示,输出到屏幕如图 11-6 所示。

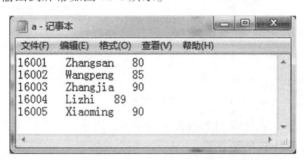

图 11-5 【示例 11-3】文本文件的内容

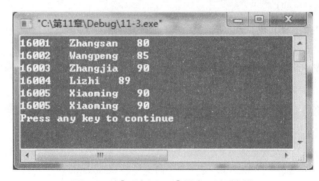

图 11-6 【示例 11-3】程序运行结果

2. 实验拓展

【示例 11-4】分别统计一个文本文件中字母、数字及其他字符的个数。

提示:

(1)先用 Windows 记事本创建一个文本文件,向其中输入信息,将其存盘。

(2)然后编写程序,在程序中以"r"只读方式打开该文件。

(3)用 fgetc( )函数逐一读出其中的字符,统计字母、数字及其他字符的个数,直至文件指针指向文件末尾。

【示例 11-5】某班的学生 145 人,每人的信息包括:学号、姓名、性别和成绩。编制一个 C 程序,完成以下操作:

(1)定义一个结构体类型数组。

(2)打开可读写的新文件 student. dat。

(3)使用函数 fwrite( )将结构体数组内容写入文件 student. dat 中。

(4)关闭文件 student. dat。

(5)打开可读写文件 student. dat。

(6)从文件中依次读出各学生情况并按学生成绩进行排序,输出排好序后的数据。

(7)关闭文件 student. dat。

11.3　习题

一、选择题

1. C 语言文件的组成成分是(　　)。

　　A. 记录　　　　B. 数据行　　　　C. 数据块　　　　D. 字符(字节)序列

2. C 程序对文件进行操作的一般步骤是(　　)。

　　A. 打开文件→操作文件→关闭文件　　　　B. 操作文件→修改文件→关闭文件

　　C. 读写文件→打开文件→关闭文件　　　　D. 读文件→写文件→关闭文件

3. 要打开一个已存在的非空文件 student. txt 用于修改,正确的语句是(　　)。

　　A. fp = fopen("student. txt","r");　　　　B. fp = fopen("student. txt","a+");

　　C. fp = fopen("student. txt","w");　　　　D. fp = fopen("student. txt","r+");

4. C 语言可以处理的文件类型是 (　　)。

　　A. 文本文件和数据文件　　　　　　B. 文本文件和二进制文件

　　C. 数据文件和二进制文件　　　　　　D. 以上答案都不对

5. 在 C 语言中,数据文件的存取方式为(　　)。

　　A. 只能顺序存取　　　　　　　　　　B. 只能随机存取

　　C. 可以顺序存取和随机存取　　　　　D. 只能从文件的开头开始存取

6. 在 C 语言程序中,用"a"方式打开一个已经含有 10 个字符的文本文件,并写入了 5 个新字符,则该文件中存放的字符是(　　)。

　　A. 新写入的 5 个字符

　　B. 新写入的 5 个字符覆盖原有字符中的前 5 个字符,保留原有的后 5 个字符

　　C. 原有的 10 个字符在前,新写入的 5 个字符在后

　　D. 新写入的 5 个字符在前,原有的 10 个字符在后

7. 设已正确打开一个存有数据的文本文件,文件中原有的数据为 wxydef,新写入的数据

为 abc,若文件的数据变为 abcdef,则该文件的打开方式为(　　)。

    A. w　　　　　　B. w+　　　　　　C. a+　　　　　　D. r+

8. fgets(str,n,fp) 函数的功能是从文件读入字符串存入内存首地址 str,以下叙述中正确的是(　　)。

    A. n 代表最少能读入 n 个字符　　　　B. n 代表最多能读入 n 个字符

    C. n 代表最少能读入 n-1 个字符　　　D. n 代表最多能读入 n-1 个字符

9. 利用 fseek 函数可以 (　　)。

    A. 改变文件的位置指针　　　　　　　B. 实现文件的顺序读写

    C. 实现文件的随机读写　　　　　　　D. 以上均正确

10. 以下叙述中错误的是(　　)。

    A. C 语言中对二进制文件的访问速度比文本文件快

    B. C 语言中,随机文件以二进制代码形式存储数据

    C. 语句 FILE　fp;定义了一个名为 fp 的文件指针

    D. C 语言中的文本文件以 ASCII 码形式存储数据

11. 若 fp 是执行某文件的指针,且已经指向文件的末尾,则函数 feof(fp) 的返回值是(　　)。

    A. EOF　　　　　　B. -1　　　　　　C. 非 0 值　　　　　　D. NULL

12. fscanf 函数的正确调用格式是(　　)。

    A. fscanf(文件指针,格式字符串,输出表列);

    B. fscanf(格式字符串,输出表列,文件指针);

    C. fscanf(格式字符串,文件指针,输出表列);

    D. fscanf(文件指针,输出表列,格式字符串);

13. 使用 fgetc() 函数,则打开文件的函数中,文件的使用方式必须是(　　)。

    A. w(只写)　　　B. a(追加)　　　C. r+(读或读写)　　　D. 选项 B、C 都正确

14. 函数 rewind 的作用是(　　)。

    A. 使文件指针重新返回文件的开头

    B. 将文件指针指向文件中所要求的特定位置

    C. 使文件指针指向文件的末尾

    D. 使文件指针自动移至下一个字符的位置

15. 在 C 语言中,可以把整数以二进制形式存放到文件中的函数是(　　)。

    A. fprintf() 函数　　B. fread() 函数　　C. fwrite() 函数　　　D. fputc() 函数

16. 以下叙述中错误的是(　　)。

    A. C 语言中对二进制文件的访问速度比文本文件快

    B. C 语言中,随机文件以二进制代码形式存储数据

    C. 语句 FILE　fp;定义了一个名为 fp 的文件指针

    D. C 语言中的文本文件以 ASCII 码形式存储数据

17. 有以下程序

```
#include <stdio.h>
int main()
```

```
    {
        FILE    *fp;
        int   i, k, n;
        fp=fopen("data. dat", "w+");
        for (i=1; i<6; i++)
        {
            fprintf(fp, "%d   ",i);
            if (i%3==0)
                fprintf(fp,"%d    ",i);
        }
        rewind(fp);
        fscanf(fp, "%d%d", &k, &n);
        printf("%d %d\n", k, n);
        fclose(fp);
        return 0;
    }
```

程序运行后的输出结果是(　　　)。

    A. 0　0　　　　　　B. 123　45　　　C. 1　4　　　　　　D. 1　2

18. 以下与函数 fseek(fp,0L,SEEK_SET)有相同作用的是 (　　　)。

    A. feof(fp)　　　　　B. ftell(fp)　　　　C. fgetc(fp)　　　　D. rewind(fp)

19. 有以下程序

```
#include <stdio. h>
void WriteStr(char    *fn,char    *str)
{
    FILE    *fp;
    fp=fopen(fn, "w");
    fputs(str,fp);
    fclose(fp);
}
int main()
{
    WriteStr("t1. dat","start");
    WriteStr("t1. dat","end");
    return 0;
}
```

程序运行后,文件 t1. dat 中的内容是(　　　)。

    A. start　　　　　　B. end　　　　　C. startend　　　　D. endrt

20. 有以下程序

```
#include <stdio. h>
int main()
{
    FILE    *fp1;
```

```
fp1 = fopen("f1. txt","w");
fprintf(fp1,"abc");
fclose(fp1);
return 0;
}
```

若文本文件 f1. txt 中原有内容为:good,则运行程序后文件 f1. txt 中的内容为(   )。

    A. goodabc   B. abcd   C. abc   D. abcgood

21. 有以下程序

```
#include <stdio. h>
int main()
{
    FILE *fp;
    int i,k=0,n=0;
    fp = fopen("d1. dat","w");
    for(i=1;i<4;i++)
        fprintf(fp,"%d",i);
    fclose(fp);
    fp = fopen("d1. dat","r");
    fscanf(fp,"%d%d",&k,&n);
    printf("%d %d\n",k,n);
    fclose(fp);
    return 0;
}
```

执行后输出结果是(   )。

    A. 1 2   B. 123 0   C. 1 23   D. 0 0

22. 有以下程序(提示:程序中 fseek(fp,-2L * sizeof(int),SEEK_END);语句的作用是使位置指针从文件尾向前移 2 * sizeof(int)字节)

```
#include <stdio. h>
int main()
{
    FILE *fp;  int i,a[4]={1,2,3,4},b;
    fp = fopen("data. dat","wb");
    for(i=0;i<4;i++)
        fwrite(&a[i],sizeof(int),1,fp);
    fclose(fp);
    fp = fopen("data. dat ","rb");
    fseek(fp,-2L * sizeof(int). SEEK_END);
    fread(&b,sizeof(int),1,fp);      // 从文件中读取 sizeof(int)字节的数据到变量 b 中
    fclose(fp);
    printf("%d\n",B);
}
```

执行后输出结果是(   )。

    A. 2   B. 1   C. 4   D. 3

23. 若 fp 已正确定义并指向某个文件,当未遇到该文件结束标志时函数 feof(fp)的值为
(　　　)。

  A. 0   B. 1   C. -1   D. 一个非 0 值

24. 下列关于 C 语言数据文件的叙述中正确的是(　　　)。

  A. 文件由 ASCII 码字符序列组成,C 语言只能读写文本文件

  B. 文件由二进制数据序列组成,C 语言只能读写二进制文件

  C. 文件由记录序列组成,可按数据的存放形式分为二进制文件和文本文件

  D. 文件由数据流形式组成,可按数据的存放形式分为二进制文件和文本文件

25. 以下叙述中不正确的是(　　　)。

  A. C 语言中的文本文件以 ASCⅡ码形式存储数据

  B. C 语言中对二进制文件的访问速度比文本文件快

  C. C 语言中,随机读写方式不适用于文本文件

  D. C 语言中,顺序读写方式不适用于二进制文件

26. 以下程序企图把从终端输入的字符输出到名为 abc. txt 的文件中,直到从终端读入字符#号时结束输入和输出操作,但程序有错。

```
#include <stdio. h>
int main( )
{
    FILE  * fout;
    char ch;
    fout = fopen(' abc. txt ',' w ');
    ch = fgetc( stdin);
    while( ch!  = '#')
    {
        fputc( ch,fout);
        ch = fgetc( stdin);
    }
    fclose( fout);
    return 0;
}
```

  出错的原因是(　　　)。

  A. 函数 fopen 调用形式错误   B. 输入文件没有关闭

  C. 函数 fgetc 调用形式错误   D. 文件指针 stdin 没有定义

27. 有以下程序

```
#include <stdio. h>
int main( )
{
    FILE  * fp;
    int i = 20,j = 30,k,n;
    fp = fopen("d1. dat","w");
    fprintf( fp, "%d\n",i);
```

```
        fprintf( fp, "%d\n",j);
        fclose( fp );
        fp = fopen( "d1. dat","r");
        fscanf( fp,"%d%d",&k,&n);
        printf( "%d    %d\n",k,n);
        fclose( fp );
        return 0;
    }
```

程序运行后的输出结果是(   )。

    A. 20   30   B. 20   50

    C. 30   50   D. 30   20

28. 以下叙述中错误的是(   )。

    A. 二进制文件打开后可以先读文件的末尾,而顺序文件不可以

    B. 在程序结束时,应当用 fclose 函数关闭已打开的文件

    C. 在利用 fread 函数从二进制文件中读数据时,可以用数组名给数组中所有元素读入数据

    D. 不可以用 FILE 定义指向二进制文件的文件指针

29. 若要打开 A 盘上 user 子目录下名为 abc. txt 的文本文件进行读、写操作,下面符合此要求的函数调用是(   )。

    A. fopen("A:\user\abc. txt","r")   B. fopen("A:\\user\\abc. txt","r+")

    C. fopen("A:\user\abc. txt","rb")   D. fopen("A:\\user\\abc. txt","w")

30. 下面的程序执行后,文件 test. t 中的内容是(   )。

```
#include    <stdio. h>
void fun( char * fname, char * st)
{
    FILE   * myf;
    int i;
    myf = fopen( fname, "w");
    for( i = 0;i<strlen( st );i++)
        fputc( str[i], myf);
    fclose( myf);
}
int main( )
{
    fun( "test","new world");
    fun( "test","hello,"0);
    return 0;
}
```

    A. hello,   B. new worldhello,   C. new world   D. hello, rld

31. 若 fp 是指向某文件的指针,且已读到文件末尾,则库函数 feof(fp) 的返回值是(   )。

A. EOF　　　　　B. -1　　　　　　　　C. 非零值　　　　　D. NULL

32. 在 C 程序中,可把整型数以二进制形式存放到文件中的函数是(　　)。

　　A. fprintf 函数　　　　　　　　　　　　B. fread 函数

　　C. fwrite 函数　　　　　　　　　　　　D. fputc 函数

33. 标准函数 fgets(s，n，f) 的功能是(　　)。

　　A. 从文件 f 中读取长度为 n 的字符串存入指针 s 所指的内存

　　B. 从文件 f 中读取长度不超过 n-1 的字符串存入指针 s 所指的内存

　　C. 从文件 f 中读取 n 个字符串存入指针 s 所指的内存

　　D. 从文件 f 中读取长度为 n-1 的字符串存入指针 s 所指的内存

二、判断题

1. 文件使用前必须先打开。　　　　　　　　　　　　　　　　　　(　　)

2. 所有文件都必须显示地关闭。　　　　　　　　　　　　　　　　(　　)

3. 在 C 程序中,总是利用文件名来引用文件。　　　　　　　　　　(　　)

4. 使用 fseek 函数定位文件时,超出文件的末尾是错误的。　　　　(　　)

5. fseek 函数只能从文件的开头开始查找。　　　　　　　　　　　(　　)

三、填空题

1. 下面的程序用来统计文件 fname. txt 中字符的个数,请填空。

```
int main( )
{
    FILE  * fp;
    long num = 0;
    if( ( fp = fopen( "fname. txt " ,"r" ) ) = = NULL)
    {
        printf( "Can 't open file! \n" );
        exit(0);
    }
    while  _____
    {
        fgetc( fp) ;
        _____
    }
    printf( "num = %d\n" , num);
    _____
    return 0;
}
```

2. 下面程序把从终端读入的文本(用@作为文本结束标志),输出到一个名为 text. dat 的新文件中,请填空。

```
#include<stdio. h>
```

```
int main( )
{
    FILE  * fp;
    char   ch;
    if( ( fp = fopen ( _____ ) ) = = NULL)
        exit(0);
    while( ( ch = getchar( ) )!  = '@')
    {

        _____

    }
    fclose( fp);
    return 0;
}
```

3. 以下程序将文件 file1. dat 的内容拷贝到文件 file2. dat 中,请填空。

```
#include <stdio. h>
int main( )
{
    char c;
    FILE  *  fp1,  *  fp2;t
    fp1 = fopen( "file1. dat" , _____ );
    fp2 = fopen( "file2. dat" , _____  );
    c = fgetc( fp1);
    while ( _____ )
    {
        fputc( c,  fp2);

        _____

    }
    fclose( fp1);
    fclose( fp2);
}
```

4. 调用 fopen( )函数打开一个文本文件,在"使用方式"这一项中,为只读而打开需要填入_____,为只写而打开需填入_____,为追加而打开需填入_____。

5. feof( ) 函数可用于_____文件和_____文件,它用来判断即读入的是否为_____,若是,函数值为_____。

6. sp = fgets(str,n,fp);函数调用语句从_____指向的文件输入_____个字符,并把它们放到字符数组 str 中,sp 得到_____的地址。_____函数的作用是向指定的文件输出一个字符串,输出成功时函数值为_____。

四、简答题

1. 写出下面程序的运行结果。

```
#include <stdio. h>
int main( )
```

```
    {
        FILE  * fp; int i = 20,j = 30,k,n;
        fp = fopen("d1. dat","w");
        fprintf(fp,"%d\n",i);
        fprintf(fp,"%d\n",j);
        fclose(fp);
        fp = fopen("d1. dat","r");
        fscanf(fp,"%d%d",&k,&n);
        printf("%d  %d\n",k, n);
        fclose(fp);
        return 0;
    }
```

2. 写出下面程序的运行结果。

```
#include <stdio. h>
#include <stdlib. h>
int main() {
    FILE  * fp;
    char ch, fname[10];
    printf("输入一个文件名:");
    gets(fname);
    if((fp = fopen(fname,"w")) = = NULL) {
        printf("Cannot open %s file\n",fname);
        exit(1);
    }
    printf("输入数据:\n");
    while((ch = getchar())! = '#')
        fputc(ch, fp);
    fclose(fp);
    return 0;
}
```

运行该程序,并在运行时输入:

myfile. txt
1234abcd#5678wxyz#

则指定文件的内容是什么?

3. 下面的程序执行后,文件 temp. txt 的内容是什么?

```
#include <stdio. h>
int main()
{
    FILE  * fp;
    int i, n;
    fp = fopen("temp. txt","w+");
    for(i = 1; i<= 9; i++)
```

```
            fprintf(fp, "%3d", i);
        for(i=3; i<=7; i=i+2){
            fseek(fp, i*3L, 0);
            fscanf(fp, "%d", &n);
            printf("%3d", n);
        }
        fclose(fp);
        return 0;
}
```

4. 下面程序的功能是什么?

```
#include <stdio. h>
int main( )
{
    FILE *p1, *p2;
    p1=fopen("file1. ASC","r");
    p2=fopen("file2. ASC","w");
    while(! feof(p1))
        fputc(fgetc(p1),p2);
    fclose(p1);
    fclose(p2);
}
```

5. 请找出下面语句中的错误(如果有的话)。

```
FILE fptr;
fptr = fopen("data","a+");
```

6. 下面语句的功能是什么?

```
while((c = fgetc(fp1) ! = EOF)
fputc(c, fp2);
```

五、编程题

1. 从键盘上输入一个字符串,把该字符串中的所有小写字母转换为大写字母,并且把转换后的字符串保存到文件 string. txt 中。输入的字符串以"#"结束。

2. 读取上题创建的磁盘文件 string. txt 中的字符串,并在显示器上输出。

3. 已知文本文件 number. txt 中存放若干个整数,计算文件中所有整数的总和,并把求得的总和添加到此文件末尾(提示:利用 Windows 的记事本工具先在磁盘上建立文本文件 number. txt)。

4. 统计一个文本文件中字母、数字及其他字符各有多少个,并且将统计结果显示在计算机屏幕上。

5. 有 5 个学生,每个学生有 3 门课成绩,从键盘上输入以上数据(包括学号、姓名、数学、语文、英语 3 门课成绩),计算出每个学生的平均成绩。要求:

(1)将原有数据和计算出的平均分数放在磁盘 stu. txt 中;

(2)屏幕上可以浏览 5 个学生的成绩。

11.4　习题答案

一、选择题

1. D　　2. A　　3. D　　4. B　　5. C　　6. C　　7. D　　8. D　　9. C　　10. C

11. A　　12. A　　13. C　　14. A　　15. C　　16. C　　17. D　　18. D　　19. B　　20. C

21. B　　22. D　　23. A　　24. D　　25. D　　26. A　　27. A　　28. D　　29. B　　30. A

31. C　　32. A　　33. B

二、判断题

1. √　　2. √　　3. ×　　4. ×　　5. ×

三、填空题

1. (1)! feof(fp)　　　　(2) num++;　　(3)fclose(fp);

2. (1)"text. dat", "w"　　(2)fputc(ch, fp);

3. (1)"r"　　(2)"w"　　(3)! feof(fp1)　　(4)c = fgetc(fp1);

4. (1)"r"　　(2)"w"　　(3)"a"

5. (1)文本　　　(2)二进制　　　(3)文件尾　　　(4)非 0 值(或 1)

6. (1)fp　　(2)n-1　　(3)str　　(4)fputs()　　(5)写入字符数

四、简答题

1. 20 30

2. 1234abcd

3. 1　2　3　4　5　6　7　8　9

4. 程序的功能是将文件 file1. ASC 的内容复制到 fil2. ASC 中

5. FILE ∗ fptr;

6. 将 fp1 指向文件的内容复制到 fp2 指向的文件中

五、编程题

1. 程序代码如下:

```
#include<stdio. h>
#include<stdlib. h>
int main( )
{
    FILE ∗fp;
    char ch;
    int i = 0;
    printf( "输入字符以#结尾:");
    fp = fopen( "string. txt" ,"w" );
    ch = getchar( );
```

```
    while( ch! ='#')
    {
            fputc( ch-32,fp) ;
            ch=getchar( ) ;
    }
    fclose( fp) ;
    return 0;
}
```

2. 程序代码如下:

```
#include<stdio. h>
#include<stdlib. h>
int main( )
{
    FILE * fp;
    char ch;
    fp=fopen( " string. txt" ," r" ) ;
    ch=fgetc( fp) ;
    while( ch! =EOF)
    {
            putchar( ch) ;
            ch=fgetc( fp) ;
    }
    printf( " \n" ) ;
    fclose( fp) ;
    return 0;
}
```

3. 程序代码如下:

```
#include <stdio. h>
int main( )
{
    FILE  * fp;
    fp=fopen( " number. txt" ," r" ) ;
    int i,s=0;
    while ( ! feof( fp) )
    {
            fscanf( fp," %d" ,&i) ;
            s+=i;
    }
    fp=freopen( " number. txt" ," a" ,fp) ;
    fprintf( fp," %d" ,s) ;
    fclose( fp) ;
    return 0;
}
```

4. 程序代码如下：

```
#include<stdio. h>
#include <stdlib. h>
int main( )
{
    char ch;
    int num1＝0,num2＝0,num3＝0;
    FILE  ∗fp;
    int i;
    if((fp＝fopen("c:\\cpp-home. txt","r"))＝＝NULL)
    {
        printf("not open");
        exit(0);
    }
    while (((ch＝fgetc(fp))!＝EOF)
    {
            if(ch>＝'a'&&ch<＝'z')
                        num1++;
            else if(ch>＝'A'&&ch<＝'Z')
                        num1++;
            else if(ch>＝'0'&&ch<＝'9')
                        num2++;
            else
                        num3++;
    }
    printf("字母:%d\n",num1);
    printf("数字:%d\n",num2);
    printf("其他:%d\n",num3);
    fclose(fp);
    return 0;
}
```

5. 程序代码如下：

```
#include <stdio. h>
int main( )
{
    struct student
    {
            char num[6];
            char name[8];
            int score[3];
            float avr;
    } stu[5];
    int i,j,sum;
```

```
FILE  * fp;
for(i=0;i<5;i++)
{
        printf(" \n please input No. %d score:\n",i);
        printf("stuNo:");
        scanf("%s",stu[i].num);
        printf("name:");
        scanf("%s",stu[i].name);
        sum=0;
        for(j=0;j<3;j++)
        {
                printf("score %d.",j+1);
                scanf("%d",&stu[i].score[j]);
                sum+=stu[i].score[j];
        }
        stu[i].avr=sum/3.0;
}
fp=fopen("stud","w");
for(i=0;i<5;i++)
        if(fwrite(&stu[i],sizeof(struct student),1,fp)! =1)
                printf("file write error\n");
fclose(fp);
return 0;
}
```

参 考 文 献

姜佑,译 . 2016. C Primer Plus（中文版）. 6 版 . 北京：人民邮电出版社 .
徐宝文,译 . 2004. Brian W. Kernighan. C 程序设计语言 . 2 版 . 北京：机械工业出版社 .
何钦铭,彦晖 . 2004. C 语言程序设计 . 杭州：浙江科技出版社 .
杨浩,译 . 2013. Ivor Horton. C 语言入门经典 . 5 版 . 北京：清华大学出版社 .

图书在版编目（CIP）数据

C 语言程序设计实验指导/罗小玲主编 . —北京：
中国农业出版社，2017.1
　全国高等农林院校"十三五"规划教材
　ISBN 978-7-109-22434-6

　Ⅰ.①C…　Ⅱ.①罗…　Ⅲ.①C 语言–程序设计–高等
学校–教学参考资料　Ⅳ.①TP312.8

中国版本图书馆 CIP 数据核字（2017）第 001392 号

中国农业出版社出版
（北京市朝阳区麦子店街 18 号楼）
（邮政编码 100125）
策划编辑　朱　雷
文字编辑　赵　渴

北京通州皇家印刷厂印刷　　新华书店北京发行所发行
2017 年 1 月第 1 版　　2017 年 1 月北京第 1 次印刷

开本：787mm×1092mm 1/16　　印张：10.5
字数：248 千字
定价：23.00 元
（凡本版图书出现印刷、装订错误，请向出版社发行部调换）